神龙工作室　编著

Excel
其实很简单

从数据到分析报告

人民邮电出版社

北京

图书在版编目（CIP）数据

Excel 其实很简单：从数据到分析报告 / 神龙工作
室编著. -- 北京：人民邮电出版社，2021.5（2021.12重印）
ISBN 978-7-115-55522-9

Ⅰ. ①E… Ⅱ. ①神… Ⅲ. ①表处理软件 Ⅳ.
①TP391.13

中国版本图书馆CIP数据核字(2020)第253086号

内 容 提 要

　　本书以数据分析流程为主线，以解决工作中的问题为导向，从做表出发，详细讲解从原始明细表的创建到数据的清洗、汇总、可视化，并最终呈现出可以自动更新的数据看板的过程，提升读者用数据说话的水平。本书不仅通过实际案例讲解了 Excel 的常用功能，还将良好的 Excel 使用习惯、规范的数据分析思维、美观的视觉设计思路等贯穿在全书中。

　　本书分为 3 篇共 12 章。第一篇"做表"，介绍表格结构设计、数据录入与清洗等内容；第二篇"数据分析，变出多样报表"，介绍数据计算、分析中常用的功能，如排序、筛选、分类汇总、函数、数据透视表、图表等；第三篇"分析报告应该这样做"，介绍编写数据分析报告的思路、可视化数据看板的制作等内容。

　　本书适合初入职场的新人，也适合会一点儿 Excel 却无法高效分析数据的职场人士阅读，同时也可以作为各类职业院校的教材或 Excel 培训机构的参考用书。

◆ 编　　著　神龙工作室
　　责任编辑　马雪伶
　　责任印制　彭志环

◆ 人民邮电出版社出版发行　　北京市丰台区成寿寺路 11 号
　　邮编　100164　　电子邮件　315@ptpress.com.cn
　　网址　https://www.ptpress.com.cn
　　涿州市京南印刷厂印刷

◆ 开本：700×1000　1/16
　　印张：19　　　　　　　　　　2021 年 5 月第 1 版
　　字数：393 千字　　　　　　　2021 年 12 月河北第 3 次印刷

定价：89.90 元

读者服务热线：(010)81055410　印装质量热线：(010)81055316
反盗版热线：(010)81055315
广告经营许可证：京东市监广登字 20170147 号

前 言

　　这是一个数据的时代，无论是促进生产还是制定决策都需要进行数据分析，可以说各行各业的工作都离不开数据处理与分析。由此可见数据处理与分析的重要性。

① 写作缘由

　　一提到数据处理与分析，很多人可能首先想到的是Python、Power BI、MySQL等这些复杂的工具，但其实在众多数据分析工具中极为常用且容易上手的是Excel。

　　虽然很多人都用过Excel，但是不少人仅限于用Excel做个简单的表格，进行简单的计算。能够熟练运用Excel进行数据分析的人却很少。不是因为大家不愿意学习，只是数量烦多的技能书和工具时常让人无从下手。本书写作的目的不在于全面介绍Excel软件的功能，而是以解决工作中的问题为出发点，从做表开始，引导读者理清思路，做好原始明细表，在轻松"变"出报表的过程中完成数据处理与分析，交出合格的数据分析报告。

② 本书特色

　　■ **人物设定，轻松易懂** 本书设定了两个人物，一个是初入职场的Excel小白，一个是熟练应用Excel的高手Mr.E。两人的情景对话，再现了职场中常见的Excel难题、初学者的困惑，这种形式更利于读者的理解与学习。

　　■ **内容精练，切合实际** Excel的功能强大，应用广泛，如果要在一本书中全面地介绍，只怕五六百页也写不完。本书以高效工作为目的，只介绍工作中常用的Excel功能，通过典型案例、详细的操作步骤，力求让读者轻松学会Excel在数据分析中的常用功能及技法，解决工作中遇到的问题。

■ 提示贴心，思路清晰　书中的"Tips"（小提示）栏目介绍了读者在学习过程中可能遇到的疑难问题，以及容易被忽视却对结果有重要影响的细节；"本章小结"总结了各章的主要内容及与前后章的关系，让读者更易把握章节内容，学习思路更清晰。

■ 一步一图，图文并茂　在实例中介绍具体的操作步骤时，每一个操作步骤都配有相应的插图，使读者能够直观地看到操作过程及效果，更高效地完成本书内容的学习。

③ 免费资源

本书的配套教学视频与书中内容紧密结合，读者可以使用手机扫描书中的二维码观看视频，随时随地学习。

本书附赠丰富的办公资源大礼包，包括Excel应用技巧电子书、精美的PPT素材模板、函数应用电子书等。

扫描下方二维码，关注"职场研究社"，回复"55522"，即可获取本书办公资源大礼包下载方式，也可以加入QQ群 594416287 交流学习。

本书由神龙工作室策划并编写，由于时间仓促，书中难免有疏漏和不妥之处，恳请广大读者不吝批评指正。若读者在阅读本书的过程中产生疑问或有任何建议，可以发电子邮件至 maxueling@ptpress.com.cn。

编者

Contents 目录

第一篇 做表

第 0 章
你真的会用Excel吗

第 1 章
设计表格的结构

第 2 章
准确、高效录入数据

第 3 章

数据清洗与多表合并

第二篇 数据分析，变出多样报表

第 **5** 章

简单分析工具——排序、筛选、分类汇总

第6章

数据计算的利器——函数

本章小结

第 7 章

数据汇总分析的利器——数据透视表

本章小结

第 8 章

数据报表的美化

本章小结

第 9 章

数据可视化的利器——图表

第三篇 分析报告应该这样做

第 **10** 章

换位思考，领导需要什么样的报告

本章小结

第 **11** 章

职场实战，可视化数据看板

车间	沐浴露	洗发水	洗手液
一车间	253	541	658
二车间	245	458	521
三车间	193	486	345

第一篇

做表

内容导读

做表是不是就是在Excel中输入数据，然后设置一下格式这么简单呢？

没错，这就是我们刚开始学习Excel时对做表的认知。当我们开始使用Excel处理、分析数据时，就会对Excel表格有新的认识，工作中接触到的表格变成了两大类：原始明细表和报表。原始明细表的功能相当于数据仓库，它仅用来存放原始数据，不能在该表中做任何计算、汇总等工作，否则不仅会增加数据维护的难度，还可能导致后续工作无法进行，甚至会丢失重要的原始数据。

在本篇中，将带用户重新审视自己的工作，分清原始明细表和报表，学习设计原始明细表，提高手工录入数据的准确性和速度，并且学会数据清洗的技巧，将杂乱的"脏"数据清洗为符合要求的数据，最后通过简单的设置，让数据更易读。在这些内容中还穿插了许多Excel的基本功能，学完本篇内容，用户的Excel应用水平也会得到很大提升。

学习内容

第0章
你真的会用Excel吗

职场中有这样一群人，他们被称为"表哥"或"表姐"，整日忙碌于做不完的表格之中。当然其中也不乏技能大神、函数奇才、图表达人、编程高手等，但他们仍然可能会因为一份报告而通宵达旦。

事实上，受Excel困扰的不只有"表哥""表姐"，很多使用电脑办公的人都曾经或仍然被Excel困扰。每当他们鼓起勇气翻开各种厚厚的技能书甚至报名参加培训班之后，都会因为Excel各式各样的菜单命令、让人头疼的函数公式、多变的图表或复杂的VBA编程等而心生畏惧。可见学习Excel并不是一件轻松的事儿！

你真的会用Excel吗？Excel到底应该怎么学？又该学些什么呢？本章内容将告诉你答案。

0.1 会一点儿Excel的人很多， 能这样用Excel的人很少

有人说："Excel的功能真是太强大了，记忆了大量的技巧，但是应用水平却很低，遇到新的问题时仍然束手无策。"其实很多人都有同样的困惑，花大量的精力手动打造表格，走了不少弯路却一无所获。接下来我们分析一下其中原因。

小白是一位初入职场的新人，工作岗位是公司王总的助手，平常主要做一些数据分析之类的工作。

大家好！我是小白，以后请多多指教！

欢迎扫码，进入小白课堂！
跟我一起来学习吧！

这天，王总交代给小白一项工作：做一份上半年产品的销售数据分析。

小白从销售部同事那里得到了上半年的销售明细数据，花费了很长时间，每种产品按月筛选，统计销售总额，最终给王总呈现了一张下图所示的表格。

订单金额(元)	1月	2月	3月	4月	5月	6月	总计
沐浴露（清爽）	10,075	3,600	10,025	12,000	8,025	6,100	49,825
沐浴露（抑菌）	9,228	13,668	14,292	16,368	22,092	15,540	91,188
沐浴露（滋润）	4,968	4,986	6,030	8,514	7,812	7,056	39,366
洗发水（去屑）	29,944	35,454	42,788	51,642	51,376	42,712	253,916
洗发水（柔顺）	9,315	8,370	10,110	12,525	16,230	9,150	65,700
洗发水（滋养）	15,918	15,897	22,071	21,609	27,993	20,601	124,089
洗手液（免洗）	9,329	12,483	11,229	14,193	16,834	8,835	72,903
洗手液（泡沫）	1,620					5,535	7,155
洗手液（普通）	22,175	24,925	28,825	34,400	35,625	32,250	178,200
总计	112,572	119,383	145,370	171,251	185,987	147,779	882,342

本以为数据做完了，工作就结束了，但是小白花了很长时间做出来的表格并不是领导需要的！这不，王总立马发来了信息。

王总 小白，上半年订单排名TOP10在哪儿？

王总，这个我没做。 小白

王总 上半年每个月的销售明细有吗？

没有。 小白

······

面对王总提出的新要求，小白只能回去返工。就这样，直到下班，小白也没有向王总交出一份满意的报表。

小白正在加班做报表，公司的 Excel 大神 Mr.E 正好下班，小白马上向 Mr.E 请教，只见 Mr.E 打开一份公司上半年的销售明细表，用鼠标拖曳了几下，就"变"出了小白做了两个多小时的报表。小白看得目瞪口呆！

数据分析好难啊！

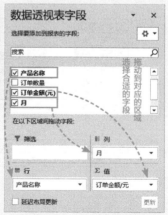

各产品上半年
各个月的总销售额

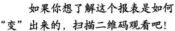

如果你想了解这个报表是如何
"变"出来的，扫描二维码观看吧！

Mr.E：你看，在我做的这个表中，如果想要查看任意一个数据的明细，只要在这个数据上双击鼠标左键，就会弹出这个数据对应的明细表，例如，双击 1 月的销售总额，就会弹出 1 月的销售明细，看完了直接关闭就可以，不需要做那么多表。

双击鼠标左键

下单时间为1月的所有产品的销售明细

小白：好厉害呀大神！那么"十大客户"怎么快速统计出来呢！

Mr.E：别急，想要啥我都能给你"变"出来！

只见 Mr.E 又拖曳了几下鼠标，做了一次筛选操作，十大客户的名单就"变"出来了。

小白：哇，大神，真是太酷了！我的 Excel 水平也能像你一样吗？

Mr.E：只要你愿意学，没什么难的！

小白：那你快教教我吧！如果不记忆大量的菜单命令，不学习那么多函数，不研究复杂的 VBA 编程，还能学好 Excel 吗？

Mr.E：当然可以！我刚才就没有使用任何的公式啊，同样可以把工作做得又快又好！

学习 Excel 不仅是学习各种技能，还要掌握解决问题的思路，有了这种思路，你就会发现，Excel 其实很简单，并且会对 Excel 有一种全新的认识。既然你有心学习，那我就先给你指点一下吧。

Mr.E：数据处理与分析就是"收集数据——存储数据——分析数据"的过程，整个过程无非就是做不同类型的表。收集数据的过程需要借助表单这个载体，数据收集来之后需要统一汇总、存储，我们将这类表称为原始明细表，分析数据阶段做出的表称为汇总表或报表。例如小白今天所做的工作的流程应该如下图所示。

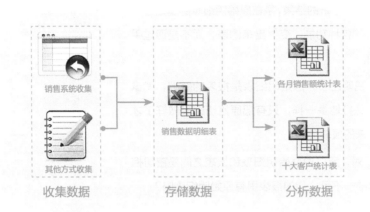

每一类表格都有不同的功能与特点，并且缺一不可。只有明确各种表的分类，做对表，做好表，才能把工作做好。

小白恍然大悟：原来做表还有这么多学问呢！

0.2 应该这样用Excel做表

> 既然了解了数据分析的思路，明确了"做对表"的重要性，接下来就介绍一下到底什么是原始明细表？什么是报表？二者之间又有什么区别与联系呢？

Mr.E：很多人不知道原始明细表和报表，甚至分析数据时都找不到原始明细表在哪里。一次次地重复工作，不仅效率很低，而且很难保证分析结果的准确性。

小白：大神，你快给我讲讲什么是原始明细表？它和报表又有什么区别呢？

原始明细表？
报表？

Mr.E：原始明细表是用来存储数据的，专门存放收集来的原始数据，这些原始数据是数据分析的基础。原始明细表中的数据有时是要加工处理的，并不是数据最原始的状态。（关于原始明细表的作用及制作原则在本书的第 1 章会做详细介绍，这里了解概念，能进行区分即可。）

报表是数据分析的结果，是在原始明细表的基础上，通过 Excel 的各种功能"变"出来的表，而不是通过手工做出来的。

小白：我明白了，原始明细表是报表的基础，就像是盖房子要先打地基一样，只有把原始明细表做好了才能保证做出来的报表正确。

Mr.E：对，所以说原始明细表和报表之间是密切相关的，二者缺一不可。你的报表里有原始明细表吗？

0.3 应该这样用Excel分析数据

知道了原始明细表与报表的关系，接下来就介绍一下怎样分析数据，快速"变"出领导需要的报表。

小白：大神，那你快给我讲讲怎么"变"表吧！

Mr.E：别着急，其实"变"表的方法很简单，就是通过排序、筛选、分类汇总、公式与函数，以及数据透视表等功能，在原始明细表的基础上快速生成汇总表，然后通过图表将汇总表的数据可视化展示。最后呈现出来的就是领导需要的报表了！

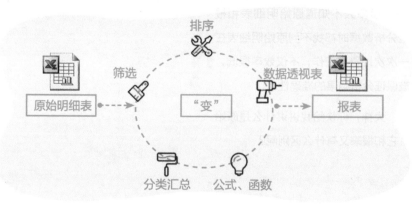

Mr.E：以上只是"变"表的方式和工具，但是要变出什么样的表呢？重点是要分析领导的要求。你在拿到原始数据的时候分析领导的要求了吗？

小白：有啊！王总提出要看上半年产品的销售分析数据，不就是各产品在上半年各个月的销售总额吗？

Mr.E：这只是王总的最初要求，这个要求很模糊，不够具体。

小白：那领导还需要什么呢？

Mr.E：你仔细思考一下，只看到每个产品上半年的销售汇总，有什么意义呢？或者说领导要你分析数据的目的是什么呢？

小白：当然是为了根据产品销售情况制定销售策略啊！

Mr.E：没错，是为了制定策略。可是只根据上半年的销量就能看出问题吗？是不是要结合当年的销售目标来看上半年完成了多少？毕竟每个阶段的销售还会受其他因素的影响，如果完成的情况不好，是不是要对比去年同期的数据来看哪里增长了，哪里下滑了？

小白：明白了，大神，我知道该怎么做了！要站在领导的角度，想想领导需要什么，更确切地摸清领导的心思，尽快地明确问题。

Mr.E：知道了分析数据的思路，其他的都很简单了。关于"变"表的工具，在本书的第二篇会做详细的介绍，后续可以慢慢学习。既然原始明细表是一切数据处理与分析工作的基础，那么现在的首要任务就是要把地基打好，我们从第 1 章开始先学习如何做表吧！

小白：好的，明白了，谢谢大神！

Mr.E：快收拾一下回家吧，跟着我的思路学习，做对表，做好表，不用加班也能把工作做好哦！

第1章
设计表格的结构

Exce

很多人在工作中可能有这样的疑问：数据都收集来了，原始明细表也做好了，可是为什么我在做领导需要的报表时还是加班加点、效率很低，甚至有时候还做不出来呢？

这时你就要问一下自己：我做的原始明细表规范吗？收集的原始数据全吗？在学习完本章的内容之后，你就会自己找到答案。

本章主要结合实际工作中的案例介绍了原始明细表的作用及制作原则，学习完本章，读者可以重新审视自己的工作，让原始明细表更规范，信息更全面，学会设计原始明细表结构，能够根据业务流程合理设置字段内容和字段顺序，从而为以后的高效录入数据、数据处理与分析等工作做好准备。

1.1 原始明细表的作用

原始明细表就像用户的数据仓库，仓库的功能一个是存储，另一个是发货。原始明细表的功能有两个——存储数据和提供数据。接下来我们就从功能方面认识一下原始明细表。

Mr.E：我们知道每个生产型的公司都有自己的仓库，车间生产的产品会集中入库存储，当有订单时再从仓库出库，进行销售。

数据也像产品一样。工作或生活中的数据产生后，应进行必要的收集，等到需要统计分析时便可以直接拿来用。这时原始明细表就该登场了，我们制作原始明细表的目的是为了建立一个数据仓库，把收集来的原始数据存储起来，保护起来。仓库有大有小，原始明细表的数据量也有多有少，这是由工作的具体内容决定的。

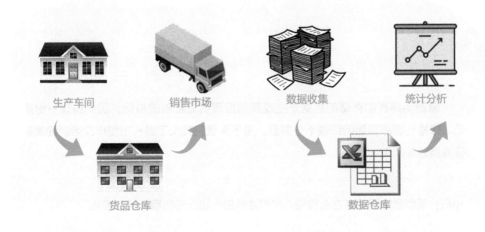

存储数据只是原始明细表的一个作用，接下来讲一下它的另一个作用——提供数据。

原始明细表将收集来的原始数据存储起来，当需要提交报表时，我们就可以在原始明细表的基础上，使用排序、筛选、分类汇总、公式与函数、数据透视表等功能快速生成所需的报表，无须在收集数据上再花费时间。例如，领导需要人力资源部提供一份各部门在职员工学历分布情况表。这时就需要在已有的"员工信息明细表"的基础上，先使用筛选功能筛选出在职员工信息，然后通过数据透视表功能汇总出各部门员工的学历分布情况，如下页图所示。

	A	B	C	D	E	F	G	H	I	J
1	员工编号	姓名	手机号码	身份证号	性别	出生日期	部门	岗位	户籍	学历
2	SL0001	钱芸	137****2132	11****198607202832	男	1986/7/20	人力资源部	部门经理	北京市	硕士
3	SL0002	卫心媛	134****8481	11****197103241438	男	1971/3/24	财务部	部门经理	北京市	本科
4	SL0003	尤文涛	135****8142	11****197305079117	男	1973/5/7	行政部	部门经理	北京市	本科
5	SL0004	曹鑫月	138****3884	11****198103056421	女	1981/3/5	业务管理部	部门经理	北京市	硕士
6	SL0005	朱功碧	135****9264	11****198001021041	女	1980/1/2	销售部	部门经理	北京市	本科
7	SL0006	孙傲文	135****6659	11****198406132727	女	1984/6/13	质检客服部	部门经理	北京市	本科
8	SL0007	华文静	136****9457	11****198009192590	男	1980/9/19	销售部	部门经理	北京市	本科
9	SL0008	赵雪倩	134****7525	11****197506016075	男	1975/6/1	财务部	部门经理	北京市	硕士
10	SL0009	严功碧	135****00*5	11****198005259444	女	1980/5/25	财务部	外勤会计	北京市	本科

▲ 原始明细表

员工人数	学历						
部门	硕士	本科	专科	中专	初中	小学	总计
人力资源部	2	2	4	1			9
财务部		4	9	6			19
行政部		3	2		4	4	13
业务管理部	2	5					8
销售部	5	2	211	52			270
质检客服部		3	2	1			6
总计	9	19	228	61	4	4	325

统计各部门不同学历
的员工人数

▲ 领导需要的报表

1.2 原始明细表的制作原则

　　原始明细表中存储的数据是生成其他报表或汇总表的基础，因此设计一份规范、数据全面的原始明细表十分重要。接下来我们就来了解一下制作原始明细表需要遵循哪些原则。

小白：既然原始明细表这么重要，如何才能制作出正确的原始明细表呢？

如何制作
原始明细表？

Mr.E：实际上制作原始明细表是有一定原则的，只要遵循这些原则，制作出来的原始明细表就是正确的。

制作原始明细表有两个原则：数据规范和数据全面，下面分别介绍。

1.2.1 数据规范原则

Tips!

下面介绍的内容，如果第一次阅读时你无法完全理解，不要着急，这些内容在后面的章节中会有详细的案例介绍，建议学习完后面的内容后再重新阅读本节内容，一定会有新的收获！

数据规范原则体现在以下 4 个方面。

1. 字段不可分

原始明细表中的字段如果是可分解的，这时就要观察是否有数据是丢失的。丢失的部分数据可能会影响后续的数据分析。例如下图所示的销售订单原始明细表，该表中订单金额字段明显可以分解为单价和订单数量两个字段，但是在这个表中并没有登记，后续如果要分析订单数量数据时将因缺失源数据而无法进行。因此，原始明细表中的字段一定是不能再分解的、最原始的字段。

订单编号	产品编号	产品名称	订单金额(元)	业务员编号	业务员姓名
SL-2019-1-3-BL001-0305	BL001	沐浴露（滋润）	702	SL0305	许丽
SL-2019-1-3-BL003-0309	BL003	沐浴露（抑菌）	696	SL0309	华梦娇
SL-2019-1-3-SP001-0310	SP001	洗发水（柔顺）	900	SL0310	李紫霜
SL-2019-1-4-HS001-0312	HS001	洗手液（普通）	1500	SL0312	殷彤
SL-2019-1-4-SP003-0313	SP003	洗发水（去屑）	1406	SL0313	许迎曼
SL-2019-1-4-HS001-0314	HS001	洗手液（普通）	1450	SL0314	钱如霜

将两个缺失的字段添加后的明细表如下页图所示。

订单编号	产品编号	产品名称	单价(元)	订单数量	订单金额(元)	业务员编号	业务员姓名
SL-2019-1-3-BL001-0305	BL001	沐浴露（滋润）	18	39	702	SL0305	许丽
SL-2019-1-3-BL003-0309	BL003	沐浴露（抑菌）	12	58	696	SL0309	华梦娇
SL-2019-1-3-SP001-0310	SP001	洗发水（柔顺）	15	60	900	SL0310	李紫霜
SL-2019-1-4-HS001-0312	HS001	洗手液（普通）	25	60	1500	SL0312	殷彤
SL-2019-1-4-SP003-0313	SP003	洗发水（去屑）	38	37	1406	SL0313	许迎曼
SL-2019-1-4-HS001-0314	HS001	洗手液（普通）	25	58	1450	SL0314	钱如霜

2. 一维表格

很多人在制作表格时习惯制作二维表，而不是一维表。二维表就是将具有同一属性的数据分解成不同的字段（列），这样符合我们的阅读习惯，看起来也比较方便，如左下图所示，其中的"沐浴露""洗发水""洗手液"拥有同一属性，都属于"产品名称"，但是却被分成了不同的字段（列），这样的表格的缺点是当产品种类过多时表格会很宽，填写起来就会很麻烦。一维表就是将拥有相同属性的数据作为一个字段（列），如右下图所示，将"产品名称"填在第二列，"数量"填在第三列，这样的好处就是标题在第一行，其余每行都是一条完整的数据，填写起来很方便，而且一维表便于对数据的计算、统计与分析。

原始明细表必须是一维表，如果是二维表，应该进行处理，将其转换为一维表。

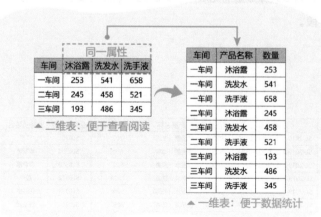

▲ 二维表：便于查看阅读　　▲ 一维表：便于数据统计

3. 结构标准

在工作中你有没有遇到过这样的情况：在编辑某个区域时出现错误提示；对某列数据进行排序时无法进行；汇总出的结果是错误的你却没有发现；使用公式计算时出现结果错误；

想用数据透视表时却无法创建等。出现这些问题的原因可能是表格的结构不标准。

下图所示的表格为某公司的生产明细表，我们来看一下它有哪些地方是不规范的。

合并单元格

公司生产明细表									
生产日期	生产车间	产品信息				生产信息			
		产品编号	产品名称	生产编号	单位	合格数	不合格数	生产总量	入库总数
2019/1/1	一车间	BL001	沐浴露（滋润）	BL001-2019-1-1	瓶	115	7	122	115瓶
		BL002	沐浴露（清爽）	BL002-2019-1-1	瓶	109	10	119	109瓶
		BL003	沐浴露（抑菌）	BL003-2019-1-1	瓶	80	2	82	80瓶
小计								323	304瓶
2019/1/1	二车间	SP001	洗发水（柔顺）	SP001-2019-1-1	瓶	115	8	123	115瓶
		SP002	洗发水（滋养）	SP002-2019-1-1	瓶	125	5	130	125瓶
		SP003	洗发水（去屑）	SP003-2019-1-1	瓶	98	14	112	98瓶
小计								365	338瓶
2019/1/1	三车间	HS001	洗手液（普通）	HS001-2019-1-1	瓶	108	11	119	108瓶
		HS002	洗手液（泡沫）	HS002-2019-1-1	瓶	103	10	113	103瓶
		HS003	洗手液（免洗）	HS003-2019-1-1	瓶	94	5	99	94瓶
小计								331	305瓶
合计								1019	947瓶

多行表头 ◀
空白列 ◀
空白行 ◀
不同属性在同一列

小计行、合计行

■ **不应该有合并单元格。**

合并单元格是 Excel 中常用的一项功能，很多人为了填写方便，习惯在原始明细表中合并单元格，填写时是方便了，但在对数据进行汇总统计时很多需要的功能就无法用了。例如，在本案例的公司生产明细表中执行【插入】➤【数据透视表】命令时，就会出现下图所示的情况，即制作数据透视表时无字段可选，这样就不能进行透视分析了。

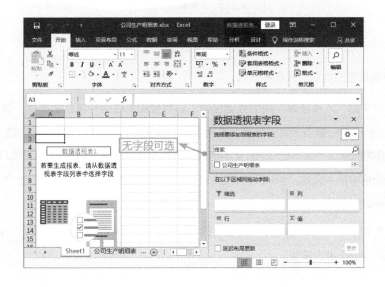

原始明细表中有合并单元格怎么办呢?

解决方法可参见本书第3章3.1.2小节中关于"取消合并单元格并快速填充"的内容。

■ **不应该有多行表头。**

很多人在做表格时习惯将标题分为几大类,然后再细分,本案例也是这样的情况。其实,在制作报表或表单时,这样做没有错,但是在原始明细表中却是不允许的。这是因为Excel只默认第一行为标题行,从第二行开始会全部默认为数据区域,如果存在多行表头就会给后续的操作带来麻烦,导致排序、筛选及分类汇总等操作无法进行。例如,在本案例的公司生产明细表中执行【数据】➤【分类汇总】命令,就会出现下图所示的【Microsoft Excel】提示框,提示无法执行分类汇总命令。

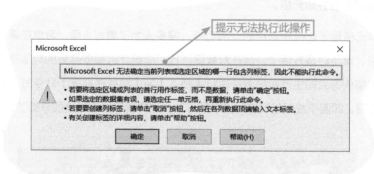

■ **不同属性的数据应放在不同列。**

本案例中的"入库总数"列的数据包含了总数量和单位两种属性的数据,这就是不规范的操作。Excel中数值格式的数据本来是可以参与很多计算操作的,但是如果加上单位,Excel就会将其默认为文本格式,而文本格式的数据本身是无法参与计算的。例如下页图中,在 M4 单元格中输入公式"=SUM(L4:L18)",按【Enter】键,结果显示为"0",很明显这个结果是错误的。

所以在制作原始明细表时,不同属性的数据一定不能填写在同列,而要分列填写,从而避免给后续操作带来麻烦。

生产日期	生产车间	产品信息					生产信息			
		产品编号	产品名称	生产编号	单位	合格数	不合格数	生产总量	入库总数	
		BL001	沐浴露 (滋润)	BL001-2019-1-1	瓶	115	7	122	115瓶	0
2019/1/1	一车间	BL002	沐浴露 (清爽)	BL002-2019-1-1	瓶	109	10	119	109瓶	
		BL003	沐浴露 (抑菌)	BL003-2019-1-1	瓶	80	2	82	80瓶	
小计								323	304瓶	
		SP001	洗发水 (柔顺)	SP001-2019-1-1	瓶	115	8	123	115瓶	
2019/1/1	二车间	SP002	洗发水 (滋养)	SP002-2019-1-1	瓶	125	5	130	125瓶	
		SP003	洗发水 (去屑)	SP003-2019-1-1	瓶	98	14	112	98瓶	
小计								365	338瓶	

公司生产明细表

输入求和公式
"=SUM(L4:L18)"
结果为"0"

■ **不能有空白行 / 空白列。**

很多时候我们在制作表格时会利用空白行或空白列形成人为隔断，将表格分成不同的部分，就是为了看起来更方便。这样的空白行（列）对填充数据的过程可能并没有什么影响，但是在全选、排序或做数据透视表时就会发现操作不了。例如下图中，在对公司生产明细表中的所有数据进行数据透视操作时，正常情况下，只要单击数据区域中的任意一个单元格，执行【插入】➤【数据透视表】命令，就会默认全选有数据的区域。但是在本实例中，因为有空白行和空白列的存在，所以单击第一个隔断区域内的任意一个单元格，执行上述命令后只能选择部分区域 A1:A11，而无法全选。

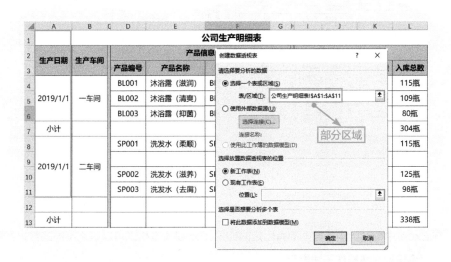

Tips!

表格中有空白行（列）怎么办呢？

解决方法可参见本书第3章3.1.3小节中关于"快速删除所有小计行或空白行（列）"的内容。

■ **不能有小计行、合计行。**

工作中很多人都喜欢在表格中加入小计行或合计行，觉得这样会便于查看数据。但是在原始明细表中加上小计行或合计行是错误的。因为原始明细表只是提供源数据的，如果想要查看汇总数据可以在汇总表中使用分类汇总或数据透视表功能实现。人为地在原始明细表中加入小计行、合计行，不仅会浪费时间，还会对汇总结果产生影响。例如下图中，我们依次选中各个产品对应的生产总量，合计数为1 019，但是使用数据透视表汇总出来的合计数为3 057，两者之间的差距就是小计行和合计行形成的。

所以在原始明细表中，一定不能出现小计行、合计行，否则会导致数据透视表的汇总结果错误。

公司生产明细表

生产日期	生产车间	产品信息			单位	生产信息			
		产品编号	产品名称	生产编号		合格数	不合格数	生产总数	入库总数
2019/1/1	一车间	BL001	沐浴露（滋润）	BL001-2019-1-1	瓶	115	7	122	115瓶
		BL002	沐浴露（清爽）	BL002-2019-1-1	瓶	109	10	119	109瓶
		BL			瓶	80	2	82	80瓶
小计								323	304瓶
2019/1/1	二车间	SF			瓶	115	8	123	115瓶
		SF				125	5	130	125瓶
		SF				98	14	112	98瓶
小计								365	338瓶
2019/1/1	三车间	HS			瓶	108	11	119	108瓶
		HS			瓶	103	10	113	103瓶
		HS			瓶	94	5	99	94瓶
小计								331	305瓶
合计								1019	947瓶

产品名称	求和项:生产总量
沐浴露（清爽）	119
沐浴露（抑菌）	82
沐浴露（滋润）	122
洗发水（去屑）	112
洗发水（柔顺）	123
洗发水（滋养）	130
洗手液（免洗）	99
洗手液（泡沫）	113
洗手液（普通）	119
（空白）	2038
总计	**3057**

选中的单元格合计为1 019

数据透视表汇总出的总计数为3 057

4. 格式标准

在Excel中每种类型的数据都有固定的格式，Excel通过格式可以识别不同的数据类型，格式错误会导致很多操作无法进行。

■ **日期格式不规范。**

在日常工作中，经常会遇到各种格式的日期，如"19/6/8""2019.6.8""20190608"等。这些日期阅读起来没有问题，但是如果参与计算或者进行排序、筛选以及数据透视表等操作时就会出现错误。例如左下图中，出生日期格式不正确，导致在使用公式计算年龄时，计算结果显示错误。日期格式的规范，不仅仅指格式正确，还要保证格式统一，同一张表中不要出现多种日期格式。例如右下图所示，虽然日期格式都正确，不会影响计算结果，但是格式杂乱、不整齐，也是不可取的。

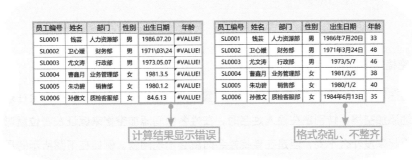

■ **数字格式不规范。**

Excel 中的数字格式分为两种，数值型数据和文本型数据。数值型数据可以参与函数计算，而文本型数据不能参与函数计算。日常工作中常用文本型数据格式的情况有两种，一是在输入以"0"开头的员工编号时，二是在输入位数较多的数字（如身份证号码）时。很多人在输入数据时并不注意格式规范，有时会把数值型数据转换成文本型数据，导致公式计算时出错。例如下页左图中，在录入"企业概况"成绩时将数字格式设置为文本型，在用公式计算总成绩时文本会被自动忽略，导致总成绩计算错误。下页右图中，是将企业概况列更改为数值型数据后，用函数计算出总成绩。因此，在录入数据之前，一定要将单元格的数字格式设置好，否则就会容易出错。（关于数字格式的设置，在第 2 章 2.1 节中会做详细介绍）

Tips!

如何才能规范地输入日期呢？
日期格式的介绍，详见本书第2章2.1.5小节。

文本型数据 数值型数据

编号	姓名	企业概况	规章制度	电脑操作	商务礼仪	总成绩
001	孙小双	85	80	79	88	247
002	刘冬冬	69	75	76	80	231
003	赵静	81	89	83	79	251
004	李健健	72	80	90	84	254
005	孙明明	82	89	85	89	263
006	孙建	83	79	82	90	251
007	赵宇	77	76	85	91	252
008	张扬	83	80	88	86	254
009	郑辉	89	85	69	82	236
010	叶子龙	80	84	86	80	250

编号	姓名	企业概况	规章制度	电脑操作	商务礼仪	总成绩
001	孙小双	85	80	79	88	332
002	刘冬冬	69	75	76	80	300
003	赵静	81	89	83	79	332
004	李健健	72	80	90	84	326
005	孙明明	82	89	85	89	345
006	孙建	83	79	82	90	334
007	赵宇	77	76	85	91	329
008	张扬	83	80	88	86	337
009	郑辉	89	85	69	82	325
010	叶子龙	80	84	86	80	330

文本型数据在参与函数计算时会被忽略

■ **空格的不规范应用。**

空格在 Excel 中只是占了一个字符的位置，并不显示任何内容。很多人会在录入数据时人为地添加空格，特别是在输入姓名时，在姓名中间添加空格来保证左右位置对齐。虽然这样看起来没什么不妥，但是在查找姓名时就会出现问题。例如在下图所示的员工信息表中"钱 芸"和"吴 雁"的姓名中间都插入了空格，在使用查找功能查找"吴雁"（无空格）的信息时将查不到，会出现提示框，对于 Excel 而言，"吴雁"（无空格）与"吴 雁"（有空格）是不同的。所以说在原始明细表中，空格是绝对不允许出现的。

Mr.E：以上就是制作原始明细表的 4 个规范原则，一定要牢记！

小白：好的，谢谢 Mr.E，记下了。那数据全面原则是指什么呢？

1.2.2 数据全面原则

Mr.E：这里的数据全面原则指的是在为某项工作制作原始明细表的时候，和该项工作相关的数据（属性）要尽可能全面地收集进来，把它们作为原始明细表的字段（列）。这样做虽然原始明细表中的字段多了，会导致录入的数据多一些，但是这样做是值得的。因为有些数据虽然现在不需要，但是并不代表将来不需要，将来一旦需要而数据又没有的时候就会导致工作无法进行。

例如，下图中第一个实例是一张员工信息明细表的部分数据，表中关于离职信息的部分，只包含了"离职日期"一个字段，以前领导只要求统计离职人员学历分布情况，使用该员工信息明细表完成这样的要求没有任何问题，所以也没有必要录入其他数据。然而今年离职人员中本科学历层次的离职人数突然增多，领导需要一份员工离职原因的分析报告，如果在员工信息明细表中并没有收集离职原因，此时领导交待的任务就无法完成了。如果在员工信息明细表有"离职原因"列，如下页图二所示，这个工作就简单多了。

因此，我们在做表时应有数据全面的意识，将一些可能有用的数据都录入进去，以备不时之需，为以后的工作提供便利。

员工编号	姓名	入职日期	转正日期	合同签订日期	离职日期
SL0004	曹鑫月	2015/4/21	2015/7/20	2015/7/20	2016/9/12
SL0012	赵彤	2015/4/21	2015/7/20	2015/7/20	2016/1/16
SL0020	鲁冰露	2015/4/23	2015/7/22	2015/7/22	2016/4/17
SL0026	朱大芬	2015/4/27	2015/7/26	2015/7/26	2015/11/23
SL0027	韦韵	2015/8/6	2015/8/6	2015/8/6	2016/5/2
SL0034	周碧香	2015/5/15	2015/8/13	2015/8/13	2016/2/9
SL0038	戚翠安	2015/5/19	2015/8/17	2015/8/17	2015/12/15

图一

员工编号	姓名	入职日期	转正日期	合同签订日期	离职日期	离职原因
SL0004	曹鑫月	2015/4/21	2015/7/20	2015/7/20	2016/9/12	工作压力大
SL0012	赵彤	2015/4/21	2015/7/20	2015/7/20	2016/1/16	对公司的薪资福利不满意
SL0020	鲁冰露	2015/4/23	2015/7/22	2015/7/22	2016/4/17	自动离职
SL0026	朱大芬	2015/4/27	2015/7/26	2015/7/26	2015/11/23	没有提升机会
SL0027	韦韵	2015/8/6	2015/8/6	2015/8/6	2016/5/2	家庭原因
SL0034	周碧香	2015/5/15	2015/8/13	2015/8/13	2016/2/9	自动离职
SL0038	戚翠安	2015/5/19	2015/8/17	2015/8/17	2015/12/15	自动离职

图二

小白：原始明细表的制作原则我已经学会了，接下来开始做表吧！

Mr.E：好的，下面以员工信息明细表为例，讲解如何从头开始设计一个原始明细表。

1.3 原始明细表的字段设计

> 每个表格的制作都与工作环境及业务密切相关，因此制作规范的原始明细
> 表，需要了解其业务背景，设计与业务流程相关的字段。

在设计之前，首先需要了解与员工信息明细表相关的工作环境，明确表格是谁用的，以及希望借助表格实现什么目的，从而为后续原始明细表的字段设计打好基础。

开始制作表格

②表格是谁用的

③希望达到什么目的

①工作环境

工作环境决定了业务内容，而业务内容是设计表格的基础。每个公司都有不同的部门，每个部门代表了不同的工作环境。例如，财务部主要负责公司的财务管理工作；人力资源部负责组织公司的人力资源开发与管理工作，为公司提供和培养合格的人才；计划经营部负责公司的经营管理工作；生产业务部负责市场开发和业务拓展，合理、均衡组织生产等。每个部门都有着不同的业务内容，因此表格的设计也是不同的。

员工信息明细表是人力资源部的员工登记的，用来存储公司全部员工的基本信息，除了本部门使用之外，在领导或其他部门需要时，也可以快速地向其提供需要的信息。例如，领导需要查看各部门的人员结构时，员工信息明细表就可以提供原始数据；财务部在发放员工工资时，需要核对员工的基本信息，员工信息明细表也可以提供数据等。

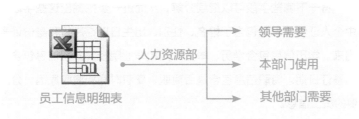

了解了原始明细表是谁用的，下一步工作就是明确使用它的目的。只有明确目的才能决定表格中应该包含哪些内容。原始明细表可以为各种涉及员工信息的报表提供数据，专门提供员工的基本信息，所以它存储的员工基本信息一定是最基础最全面的，至少应包括员工个人信息、部门岗位信息和在职状态信息几部分。

1.3.1 提炼原始字段

字段设计是制作原始明细表的核心环节，接下来我们就学习员工信息明细表的字段该如何设计。

既然员工信息包含员工个人信息、部门岗位信息和在职状态信息几部分，我们就从这几部分入手，提炼出具体的字段信息。其中个人信息部分包含的内容最多，除了个人证件信息、手机号码之外，还应包含学历、婚姻状况、紧急联系人及电话等。部门岗位信息至少应包含部门信息和岗位信息。在职状态信息包含入职信息和离职信息两部分。我们将这些字段罗列出来，如下图所示。

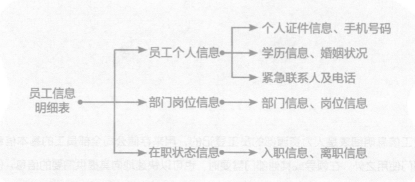

思路有了，接下来就来分解字段（我们在 1.2.1 小节中讲过原始明细表的制作原则——字段不可分），看一下哪些字段可以继续分解，从而进一步挖掘出这些字段背后隐藏的其他字段。其中个人证件信息就包含了姓名、性别、出生日期、户籍和身份证号，因此应将它们分别列出来。学历信息包含学历、毕业时间和毕业院校。入职信息包含入职日期、转正日期和合同签订日期。离职信息包含是否离职、离职时间和离职原因。分解后的字段基本包含了必要的员工信息。

字段设计完成后在电脑的工作盘中找到部门文件夹（建议在工作盘中按工作类别或内容分成不同的文件夹，便于文件管理与查找），本案例中是人力资源部文件夹，在人力资源部文件夹下新建一个员工信息明细表。双击打开新建的员工信息明细表，将设计好的字段依次填入标题行，如下页图所示。

保存路径：

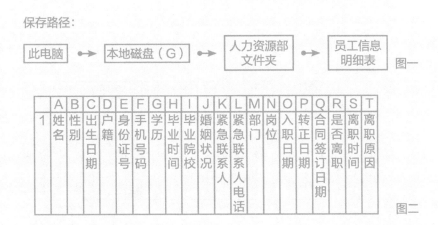

图一

图二

1.3.2 重新排列字段

字段确定后对字段的排序也是很重要的工作，接下来我们就给字段排排序。

首先看一下"姓名"字段，姓名最容易出现的问题就是重名，在员工较多的公司出现重名的情况就会很多。如何解决重名的问题呢？我们可以给每个员工设定一个唯一的编号，通过这个唯一的编号就可以确定员工的身份，因此在"姓名"字段的前面要加上一个"员工编号"字段。"性别"和"出生日期"两个字段可以通过函数公式从"身份证号"中提取，因此应该排在"身份证号"的后面。"户籍"信息用的频率稍微低一点，可以往后排。"手机号码"可能用得最多，为了查看方便可以排在"姓名"的后面。接下来按照使用频率，可以将"部门"和"岗位"字段往前排，放在"出生日期"的后面，"户籍"的前面。调整后的部分字段顺序如下图所示。

其余的字段就按照我们设计的顺序依次排列，最终员工信息明细表的字段设计如下图所示。

	A	B	C	D	E	F	G	H	I	J	K	L	M	N	O	P	Q	R	S	T
1	员工编号	姓名	手机号码	身份证号	性别	出生日期	部门	岗位	户籍	学历	毕业时间	毕业院校	婚姻状况	紧急联系人电话	入职日期	转正日期	合同签订日期	是否离职	离职时间	离职原因

Tips!

上表中员工信息明细表的字段只是实际工作中最常用的一些，在实际工作中读者可以根据公司的需求，增加必要的字段，如"婚姻状况"字段后可以添加"配偶信息""子女信息"等。

小白：大神，表格设计好了，但是没有数据呀？原始数据从哪里来呢？

Mr.E：你的思路是对的，接下来要讲的内容就是原始明细表的数据来源。小白，你觉得原始明细表的数据是从哪里来的呢？

小白：我来公司面试的时候，填过一个面试登记表，这个表几乎包含了我的全部个人信息，人事部是通过这种方式来收集员工信息的。王总让我做的报表数据是向销售部的同事要来的，这也算是一种数据获取的方式吧？

Mr.E：嗯，你说的都对，但是从销售部的同事那里获取的数据，它的真正来源应该是公司销售系统。下面我们详细地讲解一下。

1.4 原始明细表的数据来源

原始明细表的结构设计好了，接下来需要关注的问题是原始明细表中的原始数据从哪里来。我们从数据收集的途径入手，介绍一下原始数据的主要来源。

Mr.E：原始数据的收集工作，因为工作性质的不同可以通过不同的途径收集，而通过不同途径收集来的原始数据，因为载体的不同，存在形式也不一样，具体有以下两种。

1.4.1 来源之一：表单

表单是专门用来收集原始数据的一种数据载体，其收集数据的过程即将制作好的表单（包括纸质表单和电子表单）分发给填报人，然后通过手工填报的方式将原始数据收集起来。例如生产车间日报表、应聘人员登记表，以及货品出入库登记单等都是常见的表单形式。

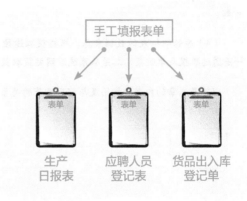

1.4.2 来源之二：数据集

从企业系统或网站等渠道获取的数据文件都可以称为数据集，例如企业销售系统导出的销售数据表、考勤机导出的考勤数据表或从招聘网站上下载的招聘数据等。

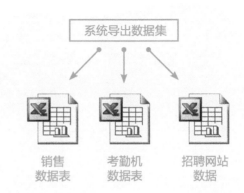

本章小结

本章主要介绍了以下4个方面的内容。

（1）原始明细表的作用。一是作为数据仓库，将收集来的原始数据存储起来；二是作为数据源，为后续制作报表提供原始数据。

（2）原始明细表的制作原则。为了保证原始明细表的作用更好地发挥，制作时一定要遵循规范化原则和数据全面原则，只有表格规范才能保证数据分析的过程更高效；只有数据全面无遗漏，才能保证数据分析的结果更准确。

（3）原始明细表的字段设计。要设计原始明细表的字段，首先要熟悉业务内容，根据业务内容确定字段名称，同时，为了方便填写和读取数据，要保证字段顺序与业务流程一致。

（4）原始明细表的数据来源。根据获取途径，原始明细表的数据来源主要有两个，一是通过填报表单收集，二是从系统或网站获取数据集。

以下是本章的内容结构图及与前后章节的关系。

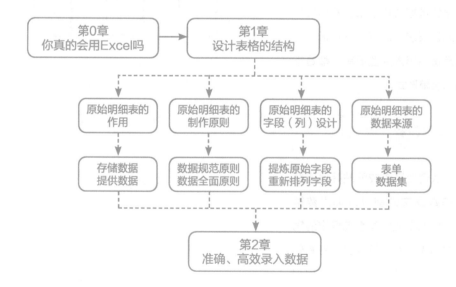

第2章
准确、高效录入数据

收集来的数据通常是杂乱无章的，为了方便存储和使用，需要将其录入原始明细表中，在这个工作过程中既要做到明确分类，又要统一规范，以便保证日后工作的高效性。

在本章中，将带大家一起学习如何将收集的原始数据录入原始明细表中，能够在正确认识Excel中的数据类型的基础上，学会设置数据格式，并且掌握高效的录入数据方法。学完本章内容，你不仅会规范地录入数据，而且能够掌握几项重要的技能，让你的数据录入工作更高效。

视频链接

关于本章知识，本书配套教学资源中有相关的教学视频，请读者参见资源中的【准确、高效录入数据】。

认识Excel的数据类型

要保证Excel中数据的规范性，在录入数据之前，首先要了解其数据类型，保证其格式正确。在本节中，将学习Excel中包含的数据类型，为后续规范录入数据打好基础。

Mr.E：Excel 中的数据类型包括数值、货币、会计专用、日期、时间、百分比、分数、科学计数、文本、特殊和自定义等。

在新建的工作表中，所有单元格都采用默认的通用数字格式，当在单元格中输入比较常规的文本、日期和数值时，系统会自动识别输入数据的类型。但是对于一些特殊的数值或者指定格式的日期、时间等，在输入之前应该设置好单元格的格式，来限定输入的数据类型。下面分别介绍几种常用的数据类型。

2.1.1 文本型数据

文本型数据是指字符或者字符和数值的组合。在日常工作中，除了常规的文本字符，经常会遇到需要在表格中输入以 0 开头的字符串的情况，比如很多编号都是以 0 开头的，如果正常在表格中输入，Excel 就会将其识别为数值，按【Enter】键后编号前面的 0 就会消失不见，如下图所示。

	A	B	C
1	编号	产品名称	单位
2	0001	A4纸	包
3		白板笔	支
4		修正液	瓶
5		文件筐	个
6		记号笔	支
7		不干胶标贴	包
8		圆珠笔	支

	A	B	C
1	编号	产品名称	单位
2	1	A4纸	包
3		白板笔	支
4		修正液	瓶
5		文件筐	个
6		记号笔	支
7		不干胶标贴	包
8		圆珠笔	支

在输入编号之前应先将单元格的格式设置为文本，步骤为：选中"编号"列，单击【开始】选项卡下【数字】组中的文本框右侧的下三角按钮，选择"文本"。设置完成后再输入编号就可以正常显示了，并且在单元格左上角会出现一个绿色的小三角，如下图所示。

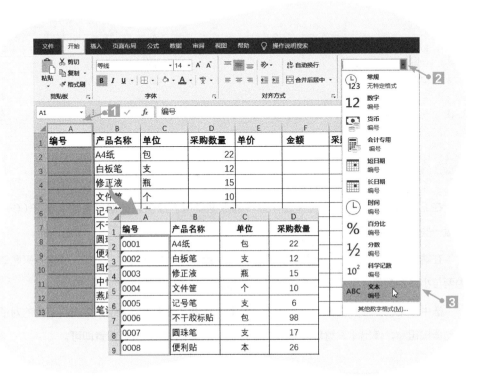

将文本型数据转换为纯数字

带绿色小三角的文本型数据，可以参与四则运算，但是不参与函数运算，如下图所示。

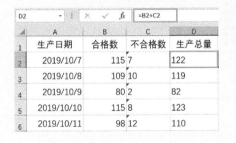

如果文本型数据需要参与函数运算，需要将其转化为纯数字。具体步骤为：选中文本型数据所在的单元格区域，单击智能标记的下拉按钮，选择"转换为数字"，文本型数据即可被转换为数字格式，同时参与函数运算，效果如下图所示。

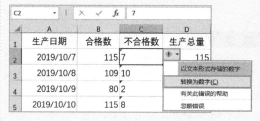

2.1.2 数值型数据

在 Excel 中，数值型数据是使用最多的数据类型。数值型数据是由数字字符（0~9）或者一些特殊的字符（"+" "-" "、" "，" "$" "%" "E"……）组成的。

在输入数字的过程中，要根据实际情况来设置所需的数字格式。例如，要输入采购单价为两位小数的数值，就需要设置"单价"列的数字格式，具体步骤如下。

选中"单价"所在的列，切换到【开始】选项卡，在【数字】组中单击右下角的对话框启动器按钮，弹出【设置单元格格式】对话框，按下图所示进行设置即可。

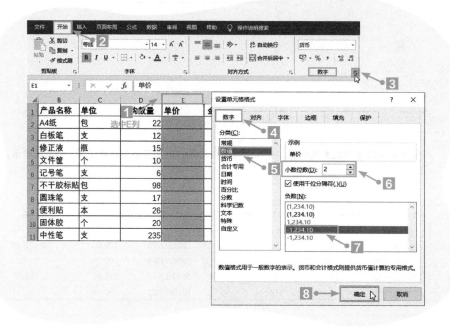

设置完成后，在"单价"列中输入数值，有的单价是整数，有的单价带有一位小数，但是输入完成后所有的数值将以两位小数形式显示，效果如下图所示。

编号	产品名称	单位	采购数量	单价
0001	A4纸	包	22	20.00
0002	白板笔	支	12	2.00
0003	修正液	瓶	15	5.00
0004	文件筐	个	10	4.00
0005	记号笔	支	6	2.50
0006	不干胶标贴	包	98	1.50
0007	圆珠笔	支	17	1.20

2.1.3 货币型数据

在工作表中输入数据时，有时会要求输入的数据符合某种要求，例如不仅要求数值保留一定位数的小数，而且要在数值前面添加货币符号，这时就要将数字格式设置为货币格式。

在本实例中，不仅要求将"单价"的数值设置为显示两位小数，还要求在其前面显示人民币符号"￥"，符合这种格式的数据就是货币型数据。将单元格格式设置为货币格式的步骤：选中"单价"所在列，按【Ctrl】+【1】组合键，打开【设置单元格格式】对话框，然后按下图所示进行设置即可。

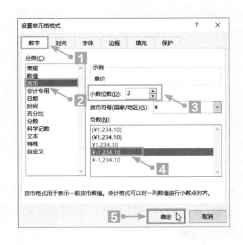

设置完成后，可以看到所有单价的前面自动添加了人民币符号"￥"，效果如下图所示。

	A	B	C	D	E
1	编号	产品名称	单位	采购数量	单价
2	0001	A4纸	包	22	￥20.00
3	0002	白板笔	支	12	￥2.00
4	0003	修正液	瓶	15	￥5.00
5	0004	文件筐	个	10	￥4.00
6	0005	记号笔	支	6	￥2.50
7	0006	不干胶标贴	包	98	￥1.50
8	0007	圆珠笔	支	17	￥1.20

2.1.4 会计专用型数据

会计专用型数据与货币型数据基本相同，只是在显示方式上略有不同，主要体现在货币符号的位置上，货币型数据的货币符号是和数值连在一起的，在单元格中靠右显示；会计专用型数据的货币符号在单元格中是靠左显示的，而数字是靠右显示的，如下图所示。

货币型数据	会计专用型数据	
￥20.00	￥	20.00
￥2.00	￥	2.00
￥5.00	￥	5.00
￥4.00	￥	4.00

下面将本实例中的"金额"以会计专用型数据输入，首先设置好金额所在列的单元格格式。具体步骤如下：选中"金额"所在的列，按【Ctrl】+【1】组合键，打开【设置单元格格式】对话框，然后按下页图所示进行设置。

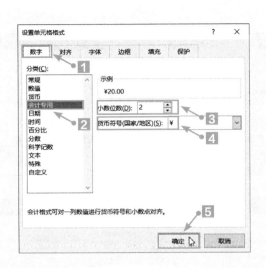

设置完成后，在"金额"列输入数据后的效果如下图所示。

	A	B	C	D	E	F
1	编号	产品名称	单位	采购数量	单价	金额
2	0001	A4纸	包	22	¥20.00	¥ 440.00
3	0002	白板笔	支	12	¥2.00	¥ 24.00
4	0003	修正液	瓶	15	¥5.00	¥ 75.00
5	0004	文件筐	个	10	¥4.00	¥ 40.00
6	0005	记号笔	支	6	¥2.50	¥ 15.00
7	0006	不干胶标贴	包	98	¥1.50	¥ 147.00
8	0007	圆珠笔	支	17	¥1.20	¥ 20.40

2.1.5 日期型数据

日期型数据虽然也是数字，但是 Excel 把它们当作特殊的数值，并规定了严格的输入格式。日期间的显示形式取决于相应的单元格被设置的数字格式。

当在 Excel 中输入日期时，如果用斜线"/"或者短线"-"来分隔日期中的年、月、日部分，Excel 可以辨认出输入的数据是日期，并且单元格的格式会由【常规】数据格式变为相应的【日期】格式；如果输入的日期格式系统无法识别，则会把它作为文本型数据处理，格式显示为【文本】。如下页图所示，G2 单元格的数据格式显示为【日期】，G3 则显示为【常规】。

因为 Excel 默认的日期格式为"2012/3/14",所以不论在输入日期时使用斜线"/"还是短线"-"来分隔日期中的年、月、日部分,或是输入完整的文字格式的日期,其显示格式均为"年/月/日",如下图所示,左列为输入数据的方式,右列为实际的显示格式。

输入数据	显示格式
2019/8/7	2019/8/7
2019-8-7	2019/8/7
19-8-7	2019/8/7
2019年8月7日	2019/8/7

"年/月/日"是系统默认的日期格式,如果想要使用其他格式来显示日期,则需要设置单元格的数字格式,下面以设置采购日期的显示格式为"年-月-日"为例,介绍日期型数据的输入。

Step1 选中"采购日期"所在的 G 列,按【Ctrl】+【1】组合键打开【设置单元格格式】

对话框，按下图所示进行设置。

返回工作表，在"采购日期"列输入日期，由于采购日期都在当前年度内，所以在输入时，可以省略"年"，直接输入"月/日"格式即可，输入完成后的效果如下图所示。

2.2 基本数据的录入

上一节内容介绍了Excel中几种最常用的数据类型，接下来我们就将这些数据类型应用于基本数据的录入，通过实际案例，学习如何将杂乱的原始数据手动录入到原始明细表中。

2.2.1 录入员工信息

Mr.E：第1章已经介绍了原始明细表的字段设计，在本节中，将以第1章中设计好的"员工信息明细表"为例，讲解如何将表单（应聘人员登记表）中收集到的员工信息手动录入"员工信息明细表"中。

什么是应聘人员登记表？

Mr.E："应聘人员登记表"是员工进入公司填写的第一份员工个人信息表，除了面试需要之外，在员工入职后公司都需要收集员工信息，登记员工信息明细表。为了避免后期员工正式入职后重复登记，浪费资源，因此在入职前将人力资源需要的员工信息尽量体现在"应聘人员登记表"中，以便入职后直接登记"员工信息明细表"中的信息。下页图即是一张神龙公司的"应聘人员登记表"。是不是很熟悉呢？

小白：对啊，我来公司面试的时候也填过一张这样的表格！本以为只是面试的时候给面试官看的，没想到还有这么大的作用呢！

神龙公司应聘人员登记表

填表日期：_____年 ___月___日　　　　　　应聘渠道：(现场/内部/内推/网络/校园)

姓名		性别		出生日期		
民族		政治面貌		生源所在地		
身高		体重		身体状况		照片
毕业院校		专业		学历		
学位		计算机水平		外语水平		
身份证号码			联系电话			
电子邮箱			特长爱好			
应聘岗位			期望薪资			

个人简历 (从高中阶 段至今)	起止年月	就读学校/公司名称	所学专业/工作内容

大学期间担任职务及社会实践情况	
奖惩情况	
资格证书	
自我评价	

家庭及主要社会关系	姓名	与本人关系	出生年月	政治面貌	工作单位	担任职务

特别提示	1.本人承诺保证所填写资料真实，若有虚假信息同意公司取消用资格；
	2.经公司录用后，报到时出示毕业证、学位证、外语等级证书等原件及复印件；
	3.保证遵守公司招聘有关规程和国家有关法规。
	是否愿意作以上承诺　　　　　　同意 (签字)

初试 审查意见	
	面试官：　　　　　　　　　　　　年　　　月　　　日

复试 审查意见	
	面试官：　　　　　　　　　　　　年　　　月　　　日

通过观察"应聘人员登记表"可以看到，其中基本包含了"员工信息明细表"中的字段，因此可以直接将"应聘人员登记表"中的数据作为原始数据录入"员工信息明细表"中。

按照"员工信息明细表"中设计好的字段，第一个需要录入的信息是员工编号，但是员工编号在"应聘人员登记表"中并没有收集，所以要重新设定。

员工编号不应该只是由一串数字组成，它应该具有以下特征：

① 具有一定的象征意义；

② 既有统一性又有差异性；

③ 数字位数足够多；

④ 员工编号之间不允许重复；

⑤ 不能与表格中的其他数据编号重复。

一般员工编号是由公司名称的首字母和数字编码组成的，即采用"公司标识＋数字编码"的规则来设定员工编号。我们以神龙公司为例，取公司首字母"SL"和4位数字组成员工编号，例如 SL0001、SL1256。这里取4位数字是因为公司员工的数量很多，编号不允许重复，并且人员流动性也比较大，如果数字位数少了可能会出现编号不够用的情况。员工编号数字位数的设置可根据公司的具体情况而定，如果3位数就足够了，那就没必要设置4位，毕竟员工编号越简洁越好，使用起来会方便很多。

员工编号设计好了，其他的信息也收集上来了，下一步就是打开设计好的原始文件"员工信息明细表"，将数据依次按常规格式手动输入（事先不设置单元格格式，直接按照系统默认的常规格式输入数据）对应的字段下，效果如下图所示。

	A	B	C	D	E	F	G	H	I	J	K
1	员工编号	姓名	手机号码	身份证号	性别	出生日期	部门	岗位	户籍	学历	毕业时间
2	SL0001	钱芸	137****2132	1.1E+17	女	1986/7/20	人力资源部	部门经理	北京市	硕士	2010/7/14
3	SL0002	卫心媛	134****8481	1.1E+17	男	1971/3/24	财务部	部门经理	北京市	本科	1994/3/18
4	SL0003	尤文涛	135****8142	1.1E+17	男	1973/5/7	行政部	部门经理	北京市	本科	1996/5/1
5	SL0004	曹鑫月	138****3884	1.1E+17	女	1981/3/5	业务管理部	部门经理	北京市	硕士	2008/2/27
6	SL0005	朱功碧	135****9264	1.1E+17	女	1980/1/2	销售部	部门经理	北京市	本科	2006/12/26

	L	M	N	O	P	Q	R	S	T
1	毕业院校	婚姻状况	紧急联系人电话	入职日期	转正日期	合同签订日期	是否离职	离职日期	离职原因
2	北京林业大学	已婚	1895****333	2015/4/21	2015/7/20	2015/7/20			
3	深圳大学	已婚	1890****117	2015/4/21	2015/7/20	2015/7/20			
4	西南政法大学	已婚	1892****136	2015/4/21	2015/7/20	2015/7/20			
5	东北大学	已婚	1892****869	2015/4/21	2015/7/20	2015/7/20	是	2016/9/12	自动离职
6	北京化工大学	已婚	1897****353	2015/4/21	2015/7/20	2015/7/20			

2.2.2 特殊格式的应用

当我们在 Excel 中输入数据时，系统会自动识别输入的数据类型，并且将文本型数据左对齐，数值型数据和日期型数据右对齐。当然，Excel 能够自动识别数据类型的前提是我们输入的数据格式正确。如果发现同一列数据的对齐方式不统一，那么可能是单元格格式出现错误，这时就需要检查一下单元格格式是否正确。

观察输入的员工信息，为什么"身份证号"列的数据全部以科学计数法形式显示了呢？这是因为在 Excel 中会默认把超过 12（含）位的数字转换成科学计数法形式。这样的显示结果不能直观地显示每一位数据的内容。有人说可以将身份证号所在列的单元格格式设置为文本，这样系统就不会将其识别为数字，也就不会以科学计数法形式显示，而是转化为以文本格式，也就能显示完整的字符串内容了。这种操作是否可行呢？我们先来验证一下。

Step1 打开本实例的文件"员工信息明细表 01—原始文件"，将鼠标指针移动到列标 D 上，鼠标指针变成向下的箭头形状↓，如下图所示。

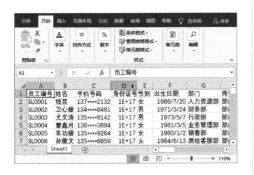

Step2 单击鼠标左键,选中 D 列,切换到【开始】选项卡，单击【数字】组右下角的对话框启动器按钮 。

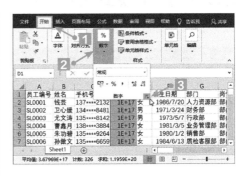

Step3 弹出【设置单元格格式】对话框，切换到【数字】选项卡，在【分类】列表框中选择【文本】选项。

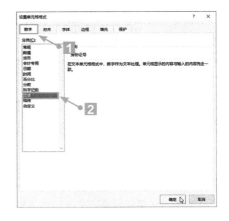

Step4 单击【确定】按钮，返回工作表。设置完成后，数据左对齐，但是结果还是一样的，仍然以科学计数法形式显示。

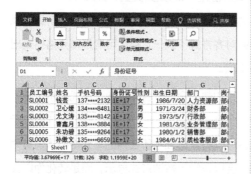

Step5 此时，依次在 D 列的单元格中双击鼠标左键，单元格就会显示完整的数字了，效果如下图所示。

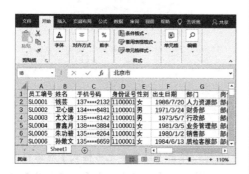

Step6 虽然显示了完整的数字，但是已经超过了单元格的界限，因为 E 列中有内容，所以并没有完全显示出来。此时，我们应该调整合适的列宽：将鼠标指针放在 D、E 两列的分隔线上，鼠标指针变成横向十字双箭头形状 ✛，如下图所示。

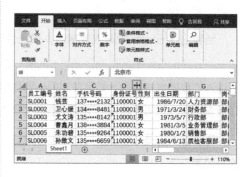

Step7 双击鼠标左键，列宽会自动调整到合适的宽度，能够完美地容纳身份证号码，同时单元格的左上角会出现一个绿色的小三角标志，效果如下图所示。

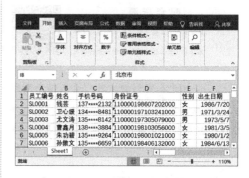

本案例中的身份证号码为虚拟信息，如有雷同，纯属巧合。

虽然数据完整地显示出来了，但是仔细观察你会发现一个新的问题，那就是所有身份证号的最后 3 位都变成了"0"。这是因为，当在单元格中输入的数值超过 15 位数时，系统不仅会以科学计数法形式显示，而且会将 15 位以后的数值转换为"0"显示。所以在输完身份证号之后再改变单元格格式的方法不可取。

正确的做法是先设置好文本格式再输入身份证号，具体操作步骤如下。

配套资源

第2章\员工信息明细表02—原始文件

第2章\员工信息明细表02—最终效果

Step1 打开文件"员工信息明细表02—原始文件"，选中 D2 单元格，按【Ctrl】+【Shift】+【↓】组合键，选中所有的身份证号所在的单元格区域，再按【Delete】键清除内容。

Step2 由于之前已经将单元格格式设置为文本，所以直接输入身份证号即可，效果如下图所示。

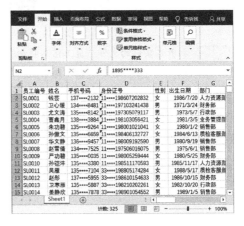

超长的数字输入

由于手机号只有11位，所以既不存在科学计数法显示的问题，也不存在数值超过15位会自动变"0"的情况，所以在输入手机号时可以直接输入。但是在输入像身份证号这样超过15位的数值时，一定要特别注意，提前将单元格格式设置为文本，然后再输入数值，避免反复做同样的工作，浪费时间。

2.3 高效录入数据的技巧

在实际工作中，常规方法手动录入数据的效率很低，而且很容易出错。我们可以借助自定义格式、数据验证和公式函数等来规范数据的输入，提高工作效率。

2.3.1 使用自定义数字格式快速输入数据

观察可以发现，员工编号的前几位相同，而后几位不同，并且数字位数比较多，因此在输入的时候很容易出错。为了提高输入效率，我们可以设置"员工编号"列的单元格格式，在本案例中将"员工编号"列的单元格格式自定义为""SL"0000"（这里的"0"代表数字位数），具体操作步骤如下。

Step1 打开本实例的文件"员工信息明细表03—原始文件"，选中 A2 单元格，按【Ctrl】+【Shift】+【↓】组合键，选中所有的员工编号所在的单元格区域，按【Delete】键将所有的员工编号清除。

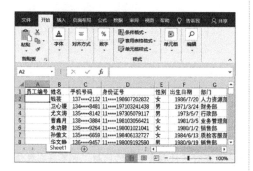

Step2 将鼠标指针移到列标 A 上，然后单击鼠标左键，选中 A 列，切换到【开始】选项卡，单击【数字】组右下角的对话框启动器按钮 ⌐。

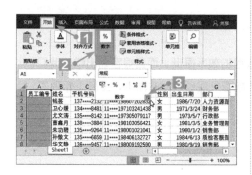

Step3 弹出【设置单元格格式】对话框，按右上图所示进行设置。

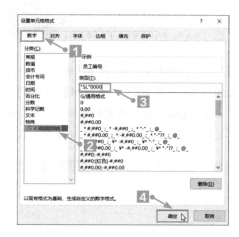

Step4 设置完毕，选中的单元格区域的自定义格式就设置完成了。返回工作表，这时"员工编号"列已设置为"SL0000"格式，我们输入的时候就不需要输入完整的 6 位数编号了，只需要输入后面的数字即可。例如在单元格 A2 中输入"1"，按【Enter】键，将显示为"SL0001"，效果如下图所示。

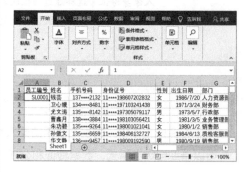

Step5 同理，可快速完成 A3 单元格员工编号的填充，在 A3 单元格中输入"2"，按【Enter】键，即可显示为"SL0002"，效果如下页图所示。

虽然设置了自定义格式后，我们只需要在单元格中输入数字即可显示完整的员工编号，大大加快了手动输入的速度。但是如果遇到需要一次性输入多个员工编号的情况，即便是只输入编号后面的数字，一个个手动输入也还是太麻烦，而且只要有手动输入的部分就存在出错的风险。这时可以借助填充柄，快速完成多个编号的填充，具体操作步骤如下。

Step6 按住鼠标左键，同时选中A2和A3单元格，将鼠标指针放在选中区域的右下角，

此时指针会变成十字形状，如下图所示。

Step7 按住鼠标左键，向下拖曳填充，释放鼠标左键，即可同时完成多个单元格的快速填充，效果如下图所示。

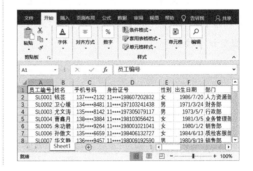

注意：为单元格设置自定义数字格式，只是改变了数据的显示方式，并不会影响数据本身的内容。因此，为员工编号设置自定义格式后，虽然显示为以字母开头的形式，但是仍然保持数字的属性，默认右对齐。

Tips! "0"在自定义数字格式中的应用

在自定义数字格式中，"0"只是数字占位符，表示数字的位数。如果输入数字的位数大于占位符的个数，则显示实际数字；当输入的数字的位数小于占位符的个数时，将显示无意义的0。例如，自定义数字格式为"0000"，输入123则显示"0123"，输入12345则显示"12345"。

2.3.2 使用数据验证规范输入数据

1. 规范输入 11 位手机号码

手机号码是我们日常工作中经常需要填写的数字串，由于其数字位数较多，填写过程中多一位或少一位的情况时有发生。此时，可以使用数据验证功能来限定其长度，如果输入的数字位数不正确，系统将会弹出错误警告。具体的操作步骤如下。

配套资源
第 2 章 \ 员工信息明细表 04—原始文件
第 2 章 \ 员工信息明细表 04—最终效果

扫码看视频

Step1 打开本实例的文件"员工信息明细表 04—原始文件"，选中 C 列，然后切换到【数据】选项卡，单击【数据工具】组中的【数据验证】按钮。

Step2 弹出【数据验证】对话框，按下图所示进行设置。

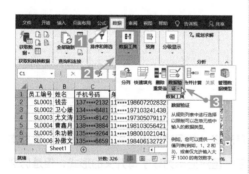

Step3 切换到【出错警告】选项卡，在【错误信息】文本框中输入"请检查手机号码是否为 11 位！"，如下图所示。

Step4 设置完毕，单击【确定】按钮，返回工作表。当在"手机号码"列中输入的手机号码不是 11 位时，就会弹出对话框进行提示。

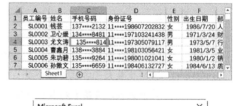

Step5 单击【重试】按钮，输入正确的 11 位号码即可。

2. 规范输入 18 位身份证号

与手机号码的输入相比，身份证号的输入更为特别，除了要事先将单元格的格式设置为文本格式外，字符位数的规范同样重要，具体的操作步骤如下。

配套资源

第2章 \ 员工信息明细表 04—原始文件

第2章 \ 员工信息明细表 04—最终效果

扫码看视频

Step1 将鼠标指针移动到 D 列的列标上，单击鼠标左键，选中 D 列，然后切换到【数据】选项卡，单击【数据工具】组中的【数据验证】按钮。

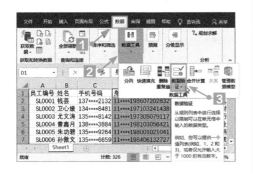

Step2 弹出【数据验证】对话框，切换到【设置】选项卡，在【允许】下拉列表中选择【文本长度】选项，在【数据】下拉列表中选择【等于】选项，在【长度】文本框中输入"18"。

Step3 切换到【出错警告】选项卡，在【错误信息】文本框中输入"请检查身份证号码是否为 18 位！"，如下图所示。

Step4 设置完毕，单击【确定】按钮，返回工作表。当在"身份证号"列中输入的身份证号码不是 18 位时，就会弹出对话框进行提示。

Step5 此时，单击【重试】按钮，重新输入正确的18位身份证号码即可。如果输入的是18位号码，将不会出现错误警告。

3. 通过下拉列表规范输入学历

在制作原始明细表的过程中，很多情况下会重复输入一些固定的数据，比如学历、婚姻状况等，这样既浪费了时间，也难免出现错误。此时利用数据验证功能制作下拉列表，不仅可以实现数据的快速输入，也可以防止输入错误的、不规范的数据。

在本实例的员工信息明细表中，学历字段下要求输入的内容有小学、初中、高中、中专、专科、本科、硕士、博士。使用数据验证功能制作下拉列表的具体操作步骤如下。

配套资源
第2章\员工信息明细表05—原始文件
第2章\员工信息明细表05—最终效果

扫码看视频

Step1 打开本实例的文件"员工信息明细表05—原始文件"，选中单元格区域J2:J5，按【Delete】键清除内容。然后切换到【数据】选项卡，单击【数据工具】组中的【数据验证】按钮。

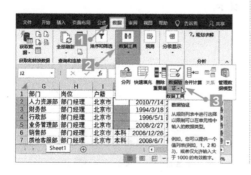

Step2 弹出【数据验证】对话框，切换到【设置】选项卡，在【允许】下拉列表中选择【序列】选项，在【来源】文本框中输入"小学，初中，高中，中专，专科，本科，硕士，博士"，如下图所示。

Step3 切换到【出错警告】选项卡，在【错误信息】文本框中输入出错时的提示信息，如下图所示。

Step4 设置完毕，单击【确定】按钮，返回工作表。当选中单元格时，单元格右侧会出现一个下拉按钮▾，如下页图所示。

Step5 单击下拉按钮▼，选择合适的学历即可，这里选择"硕士"，如下图所示。

Step6 如果输入的不是规定的学历信息，将会出现错误警告，例如我们在J3单元格中手动输入"学士"，按【Enter】键，会弹出错误警告，如下图所示。

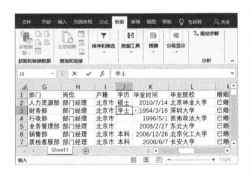

Step7 此时，单击【重试】按钮，重新选择正确的学历信息即可。如果输入的是规定的学历信息，将不会出现错误警告。按照以上方式，可以为整列数据设置数据验证来规范学历的输入，这里不再讲述。

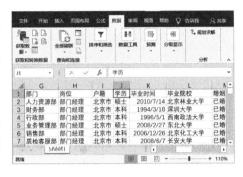

4. 使用参数表

在上述操作中，设置序列的数据来源时是手动输入的。如果要输入的序列项目很多，或者每个序列都是很长的字符串，那么在【数据验证】对话框的"来源"文本框中输入这些序列名称就不太方便了。一种比较好的方法就是将这些序列数据保存在工作表的某个区域中，然后在来源文本框中直接引用这个区域就可以了。

为了不影响原始明细表中的数据，这些序列中的数据最好不要放在原始明细表中，而是应该单独创建一个新的表，专门用来存放各种基本参数，我们给这个表起个名字，叫作参数表。接下来，我们就讲一下如何利用参数表设置数据验证。

配 套 资 源
第2章\员工信息明细表06—原始文件
第2章\员工信息明细表06—最终效果

扫码看视频

Step1 打开本实例的文件"员工信息明细表 06—原始文件",可以看到工作表标签右侧有个加号按钮⊕,如下图所示。

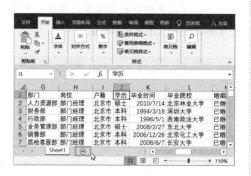

Step2 鼠标左键单击加号按钮⊕,新建一个工作表 Sheet2,将 Sheet2 重命名为"参数表",将 Sheet1 重命名为"员工信息明细表",如下图所示。

Step3 在参数表中输入学历信息,如下图所示。

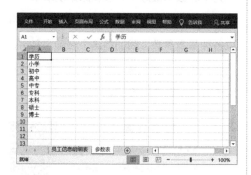

Step4 选中"员工信息明细表"的 J 列,打开【数据验证】对话框。

Step5 切换到【设置】选项卡,在【允许】下拉列表中选择【序列】选项,在【来源】文本框中单击鼠标左键,然后单击"参数表",选中 A2:A9 区域,如下图所示。

Step6 切换到【出错警告】选项卡,在【错误信息】文本框中输入出错时的提示信息。

Step7 设置完毕，单击【确定】按钮，"学历"列的数据验证方式即设置好了。

通过新建参数表，将基本参数保存在参数表中，不但有效避免了手动输入的错误，而且在使用时只需要拖动鼠标选中参数所在的单元格区域即可，大大提高了工作效率。

职场
经验

合理规划参数表

参数表设置的目的是为原始明细表或者报表提供可调用的参数。为了提高使用的效率，参数的录入需要遵循一定的规则。

规则一：参数"站着"OR"躺着"。在Excel中，调用参数的方式主要有下拉列表调用和公式调用两种。下拉列表调用是使用数据验证功能设置序列，这个序列可以引用行，也可以引用列，即参数可以"站着"也可以"躺着"。公式调用主要是使用VLOOKUP函数按列引用数据，这就决定了参数必须按列录入，即"站着"（关于公式调用的内容后续会详细讲解）。

规则二：唯一性。通常在参数表中录入的数据都具有唯一性，例如本案例中的"学历"字段有且只有"小学、初中、高中、中专、专科、本科、硕士、博士"8个数据，不能重复。

规则三：完整性。既然参数表是提供基本参数的，就应该包含整个工作在某一属性下的全部内容，不能遗漏。

规则四：位置预留。在参数表中录入的参数可能是目前工作中需要的，但是我们不能保证工作内容或项目一直不变，随时可能会增加新的参数，所以在调用参数时，可以将参数的引用范围设置得大一些，即为未来可能增加的参数预留位置。未来增加新的参数时，直接在参数表中增加即可，下拉列表中会同步增加。

5. 通过下拉列表输入婚姻状况

婚姻状况字段只有两种数据：已婚和未婚。同样可以设置下拉列表来输入，具体操作步骤如下。

Step1 打开本实例的文件"员工信息明细表07—原始文件"，在"参数表"中输入"婚姻状况"字段的参数，如下图所示。

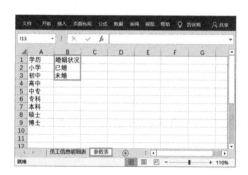

Step2 选中"员工信息明细表"的 M 列，切换到【数据】选项卡，单击【数据工具】组中的【数据验证】按钮，打开【数据验证】对话框，如下图所示。

Step3 切换到【设置】选项卡，在【允许】下拉列表中选择【序列】选项，在【来源】文本框中单击鼠标左键，然后单击"参数表"，选中 B2:B3 区域，如下图所示。

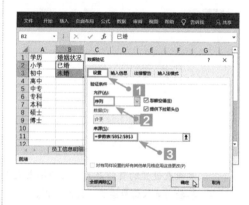

Step4 切换到【出错警告】选项卡，在【错误信息】文本框中输入出错时的提示信息，设置完毕，单击【确定】按钮，如下图所示。

6. 通过下拉列表输入离职原因

员工的离职原因多种多样，同样的离职原因每个人的填写习惯也不同，这样会导致统计时工作量加大。为了提高数据输入及处理的效率，我们可以总结主要的离职原因，设置成下拉列表的形式来规范填写，具体的操作步骤如下。

Step1 打开本实例的文件"员工信息明细表08—原始文件"的"参数表"，在C1:C16区域输入离职原因，如下图所示。

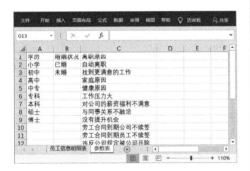

Step2 选中"员工信息明细表"的T列，切换到【数据】选项卡，单击【数据工具】组中的【数据验证】按钮，打开【数据验证】对话框，如下图所示。

Step3 切换到【设置】选项卡，在【允许】下拉列表中选择【序列】选项，在【来源】文本框中单击鼠标左键，然后单击"参数表"，选中C2:C16区域，如下图所示。

Step4 切换到【出错警告】选项卡，在【错误信息】文本框中输入出错时的提示信息，如下图所示。

Step5 设置完毕，单击【确定】按钮，"离职原因"列的数据验证方式即设置好了。

数据验证使用时的注意事项

数据验证只能控制手动输入的数据，无法控制复制粘贴形式输入的数据，对于复制粘贴来的数据，数据验证无法发挥作用。

如果先输入了数据，后设置数据验证，已经输入的数据是不会受到影响的。所以一定要注意，先设置好数据验证再输入数据。

2.3.3 使用函数自动输入数据

在"应聘人员登记表"中已经列明了"员工信息明细表"需要的基本字段信息，例如"性别"和"出生日期"，"性别"字段只能是"男"或"女"，可以设置成下拉列表，但是一个个点击鼠标选取也是很麻烦的操作，并且存在出错的风险。除了下拉列表，有没有更高效的输入方法呢？

在第 1 章中设计"员工信息明细表"的字段时已经分析过了，性别和出生日期可以利用公式从身份证号中提取，下面就来学习吧。

在使用公式之前，先来认识一下公式与函数。

1. 认识公式与函数

■ **初识公式。**

Excel 中的公式是以等号"="开头，通过使用运算符将数据和函数等元素按一定的顺序连接在一起的表达式。在 Excel 中，凡是在单元格中先输入等号"="，再输入其他数据的，都会被自动判定为公式。

下面以如下两个公式为例，认识一下公式。

公式 1：=TEXT(MID(A2,7,8),"0000-00-00")

这是一个从 18 位身份证号中提取出生日期的公式，如下页左图所示。

公式 2：=DATEDIF(C2,TODAY(),"Y")

这是一个根据出生日期计算年龄的公式，如下页右图所示。

本例中计算出的年龄，与电脑系统当前的日期有关，与读者阅读本书的日期并无关系。

C2	: × ✓ fx	=TEXT(MID(A2,7,8),"0000-00-00")

	A	B	C	D
1	身份证号	性别	出生日期	年龄
2	11****198607202832	男	1986-07-20	33
3	11****197103241438	男	1971-03-24	48
4	11****197305079117	男	1973-05-07	46
5	11****198103056421	女	1981-03-05	38
6	11****198001021041	女	1980-01-02	39
7	11****198406132727	女	1984-06-13	35

D2	: × ✓ fx	=DATEDIF(C2,TODAY(),"Y")

	A	B	C	D
1	身份证号	性别	出生日期	年龄
2	11****198607202832	男	1986-07-20	33
3	11****197103241438	男	1971-03-24	48
4	11****197305079117	男	1973-05-07	46
5	11****198103056421	女	1981-03-05	38
6	11****198001021041	女	1980-01-02	39
7	11****198406132727	女	1984-06-13	35

■ 初识函数。

Excel 提供了大量的内置函数，利用这些函数进行数据计算与分析，不仅可以大大提高工作效率，还可以提高数据的准确率。

① 函数的基本构成。

函数大部分都由函数名称和函数参数两部分组成，即"= 函数名 (参数 1，参数 2，…，参数 n)"，例如"=SUM(B2:B5)"就是对单元格区域 B2:B5 的数值求和。也有部分函数不需要指定参数而直接得到计算结果，即"= 函数名 ()"，例如公式"=TODAY()"中没有参数，但是可以得到系统当前的日期。

从函数的基本构成可以看出，有参数的函数，其参数前后是用小括号"()"括起来的；没有参数的函数，其后面也跟着一对小括号"()"。所以小括号"()"是函数的基本组成部分之一，一定不能丢。

② 函数的种类。

根据运算类别及应用行业的不同，Excel 中的函数可以分为财务函数、逻辑函数、文本函数、日期和时间函数、查找与引用函数、数学和三角函数、统计函数、工程函数、多维数据集函数、信息函数、兼容性函数、Web 函数。关于函数的应用，我们后续会陆续讲到。

Tips!

公式中的标点

在公式中输入标点符号时，一定要注意，所有的标点符号都必须是英文半角字符。

2. 从身份证号中提取性别

Mr.E：身份证号由 18 个字符组成，每个字符都代表一定的含义，与性别相关的是第 17 个字符。

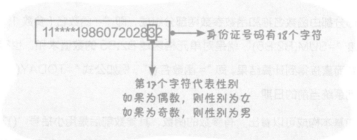

从身份证号中提取性别的思路为：首先使用 MID 函数来提取代表性别的数字，其次使用 MOD 函数对 MID 函数提取的数字进行除数为 2 的取余操作（目的是判断提取的数字的奇偶性），最后使用 IF 函数根据余数是否为 0 来判断性别（如果余数为 0，则提取的数字是偶数，表示性别为女；如果余数不为 0，则提取的数字是奇数，表示性别为男）。

MID 函数的功能是从一个文本字符串的指定位置开始，截取指定数目的字符。其语法结构如下。

MID（字符串，截取字符的起始位置，要截取的字符个数）

MOD 函数是一个求余函数，即是两个数值表达式进行除法运算后的余数。特别注意：在 Excel 中，MOD 函数适用于返回两数相除的余数，返回结果的符号与除数的符号相同。其语法结构如下。

MOD（被除数，除数）

IF 函数的应用十分广泛，基本用法是根据指定的条件进行判断，得到满足条件的结果 1 或者不满足条件的结果 2。其语法结构如下。

IF（判断条件，满足条件的结果 1，不满足条件的结果 2）

在具体操作之前，我们先来分析一下函数的各个参数。

首先分析 MID 函数。"字符串"就是"身份证号"，与性别相关的是第 17 个字符，所以"截取字符的起始位置"就是"17"，"要截取的字符个数"是"1"，在本实例中身份证号所在单元格地址为 D2，因此公式为"=MID(D2,17,1)"。

MOD 函数中，"被除数"就是提取的数字，即 MID 函数提取的结果，因为要判断奇偶性，即判断数字能不能被 2 整除（如果余数是"0"，即说明被除数是偶数，否则为奇数），所以 MOD 函数的"除数"是"2"，因此公式为"=MOD(MID(D2,17,1),2)"。

IF 函数中，"判断条件"即 MOD 函数的取余结果等于 0，"满足条件的结果 1"是"女"，"不满足条件的结果 2"是"男"，公式为"=IF(MOD(MID(D2,17,1),2)=0," 女 "," 男 ")。

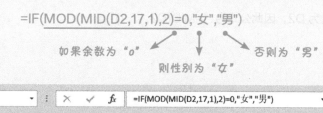

函数的各个参数分析清楚后，就可以使用函数了，具体操作步骤如下。

Step1 打开本实例的文件"员工信息明细表 09—原始文件"，将"性别"所在列的单元格内容清除。

Step2 选中单元格 E2，切换到【公式】选项卡，在【函数库】组中单击【逻辑】按钮 ▌逻辑▾，在弹出的下拉列表中选择【IF】函数选项，如下图所示。

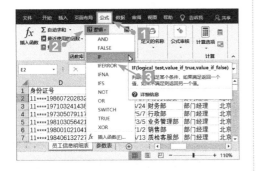

Step3 弹出【函数参数】对话框，首先输入满足条件的结果 1 "女" 和不满足条件的结果 2 "男"，如下图所示。

Step4 将光标移动到第一个参数【判断条件】的文本框中，输入 "=0"，然后将鼠标光标移动到等号的左侧，单击工作表中名称框右侧的下拉按钮，在弹出的下拉列表中选择【其他函数】选项（如下拉列表中有需要的函数，可以直接选取）。

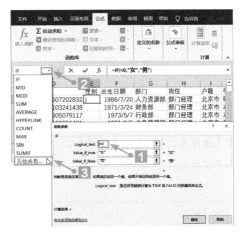

Step5 弹出【插入函数】对话框，在【搜索函数】文本框中输入 "MOD"，单击【转到】，在【选择函数】列表框中选择【MOD】函数，如下图所示。

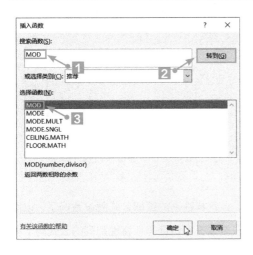

Step6 单击【确定】按钮，弹出 MOD 函数的【函数参数】对话框，在第二个参数的文本框中输入 "2"，然后将光标移动到第一个参数的文本框中，单击工作表中名称框右侧的下拉按钮，在弹出的下拉列表中选择【其他函数】选项。

Tips!

如果下拉列表中有需要的函数，可以直接单击选取。

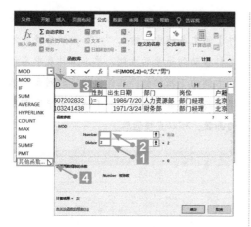

Step7 弹出【插入函数】对话框，在【搜索函数】文本框中输入"MID"，单击【转到】，在【选择函数】列表框中选择【MID】函数，如下图所示。

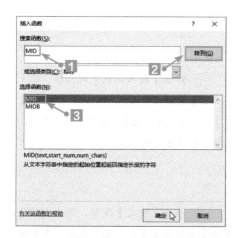

Step8 单击【确定】按钮，弹出 MID 函数的【函数参数】对话框，3 个参数文本框中依次输入"D2""17""1"，如下图所示。

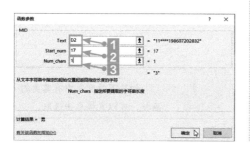

Step9 输入完毕，单击【确定】按钮，返回工作表即可得到结果。

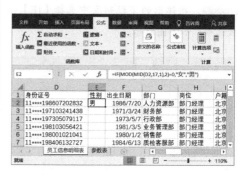

Step10 选中单元格 E2，将鼠标指针移动到单元格右下角，鼠标指针变成十字形状，如下图所示。

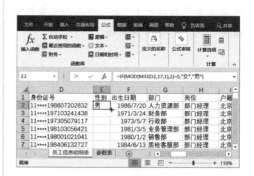

Step11 此时双击鼠标左键即可完成公式的向下填充，填充后的效果如下图所示。

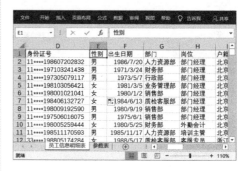

这样性别的提取公式就设置好了，以后只要填充身份证号，将性别列的公式向下复

制即可自动填充。

3. 从身份证号中提取出生日期

Mr.E：身份证号的 18 个字符中，与出生日期相关的是第 7~14 个字符，分别表示年、月、日。

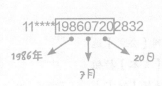

出生日期的提取很简单，只用到 MID 函数，在提取之前，我们先来分析一下函数的各个参数。

"字符串"就是身份证号；身份证号中的出生日期是从第 7 个字符开始，所以"截取字符的起始位置"就是"7"；出生日期包含了年月日，共 8 个字符，所以"要截取的字符个数"是"8"。在本实例中身份证号所在单元格地址为 D2，因此公式为"=MID(D2,7,8)"。

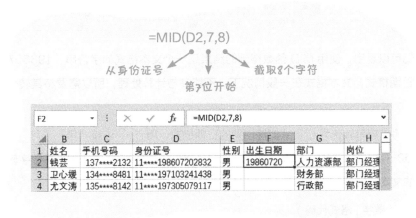

函数的各个参数分析清楚后，就可以使用函数了，具体操作步骤如下。

Step1 打开本实例的文件"员工信息明细表 10—原始文件"，将"出生日期"所在列的单元格内容清除。

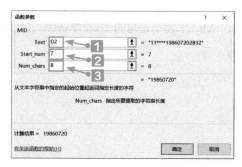

Step3 弹出【函数参数】对话框，分别输入 3 个参数 "D2" "7" "8"。

Step2 选中单元格 F2，切换到【公式】选项卡，在【函数库】组中单击【文本】按钮 文本，在弹出的下拉列表中选择【MID】函数选项，如下图所示。

Step4 输入完毕，单击【确定】按钮，返回工作表即可得到结果。

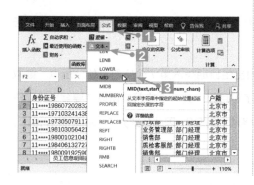

我们可以看到，使用 MID 函数得到的结果是一个文本格式的字符串 "19860720"，而不是日期格式，文本格式在一般情况下，不能参与计算处理，所以需要将其转化为日期格式。

首先将字符串转化为 Excel 能够识别的日期格式，用 "-" 连接 "年" "月" "日"，即 "0000-00-00"，这里就需要使用 TEXT 函数。TEXT 函数主要用来将数字转换为指定格式的文本，其语法结构如下。

TEXT(数字 , 格式代码)

在本案例中，"数字" 即是 MID 函数得到的结果 "=MID(D2,7,8)"，格式代码是 "0000-00-00"，明确了函数的参数，就可以使用函数了，具体的操作步骤如下。

Step5 在单元格 F2 中双击鼠标，修改公式为 "=TEXT(MID(D2,7,8),"0000-00-00")"，输入完毕，按【Enter】键，效果如下图所示。

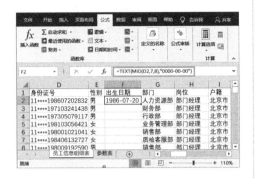

经过 TEXT 函数的转换，文本字符串 "19860720" 就有了日期的样子了 "1986-07-20"，但是这样的结果仅仅只是看上去是日期格式，还不是真正的日期格式。我们需要在 TEXT 函数前加上 "--"，进行减负运算，通过运算，将文本格式的数值变成真正的日期格式。具体操作步骤如下。

Step6 在单元格 F2 中双击鼠标，修改公式为 "=--TEXT(MID(D2,7,8),"0000-00-00")"，输入完毕，按【Enter】键，效果如下图所示。

此时可以看到日期显示成了 "31613"，

这是因为单元格的格式为常规格式，只要设置为日期格式就可以正常显示了，具体操作步骤如下。

Step7 选中 F 列，切换到【开始】选项卡，单击【数字】组右侧的对话框启动器按钮，如下图所示。

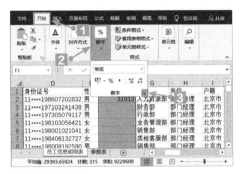

Step8 弹出【设置单元格格式】对话框，切换到【数字】选项卡，在【分类】列表框中选择【日期】，然后在右侧的【类型】列表框中选择 "2012/3/14"。

Step9 设置完毕，单击【确定】按钮，F2 单元格的内容显示为日期格式。

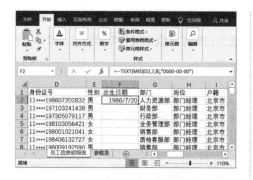

Step10 选中 F2，按住单元格右下角的填充柄向下拖动，即可完成 F2 公式的向下填充，填充完的效果如右图所示。

这样出生日期的提取公式就设置好了，只要填充身份证号列的信息，将出生日期列的公式向下复制即可。

Tips!

身份证号的编码规则

第1、2位数字表示：所在省（直辖市、自治区）的代码；

第3、4位数字表示：所在地级市（自治州）的代码；

第5、6位数字表示：所在区（县、自治县、县级市）的代码；

第7~14位数字表示：出生年、月、日；

第15、16位数字表示：所在地的派出所的代码；

第17位数字表示性别：奇数表示男性，偶数表示女性；

第18位数字是校检码：用来检验身份证的正确性。校检码可以是0~9的数字，有时也用X表示规则。

2.3.4 使用二级联动菜单高效输入数据

前面我们讲过可以利用数据验证功能制作下拉列表来快速输入数据，但是在制作原始明细表时经常会碰到这样的问题，在 G 列输入部门名称，在 H 列输入对应的岗位，如果两列单独设置下拉列表，H 列就会出现所有的岗位，如果岗位很多的话，在下拉列表中选择岗位就会花费很长的时间，而且容易出错。这时我们可以设置二级联动菜单，在 G 列中输入部门，H 列中对应单元格的下拉列表只会出现该部门下的岗位，而不是所有部门的岗位。这样不但会减少工作量，而且不易出错。

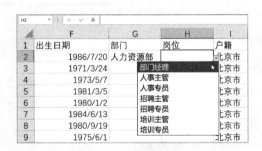

在制作二级联动菜单前，我们先来学习一下需要用到的基础知识。

1. 认识 Excel 中的名称

在 Excel 中，定义名称就是给单元格区域、数据常量或公式设定的一个新名字。如果单元格区域在公式中需要重复使用，极易输错、混淆，这时我们将一个单元格区域定义为简单易记，且有指定意义的名称，就可以直接在公式中通过定义的名称来引用这些数据了，不仅方便输入，而且容易分辨。

例如，在一个销售统计表中有单价、数量两列数据，计算金额时，一种方式就是直接用对应的单元格相乘，如左下图所示。

另一种方法是将单元格区域的单价和数量分别定义一个新的名称：单价、数量。定义完成后，我们只需要在对应的单元格中输入公式 "= 单价 * 数量"，即可自动引用名称对应的数据参与计算，如右下图所示。

▲ 公式：=A2*B2   ▲ 公式：=单价*数量

定义名称后，在编写公式或者引用数据时，可以很方便地用所定义的名称进行编写。关于如何定义名称，我们在后续的操作中会详细讲解。

2. 高效输入部门和岗位

接下来我们就利用名称和数据验证功能来为部门和岗位制作二级联动下拉菜单。具体操作步骤如下。

配套资源
第 2 章 \ 员工信息明细表 11—原始文件
第 2 章 \ 员工信息明细表 11—最终效果

扫码看视频

Step1 打开本实例的文件"员工信息明细表 11—原始文件",将"部门"和"岗位"所在列的单元格内容清除,如下图所示。

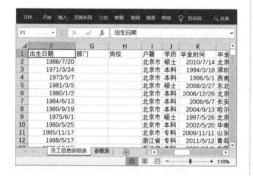

Step2 打开"参数表",在 D1:K7 区域中输入部门和岗位信息,如下图所示。

Step3 选中 D1:D7 区域,切换到【公式】选项卡,在【定义的名称】组中单击【定义名称】右侧的下拉按钮▾,选择【定义名称】。

Step4 弹出【新建名称】对话框,默认的"名称"为引用位置的第一个单元格的内容,本例中就是"部门";将光标定位在【引用位置】文本框中,然后选中"参数表"中的 D2:K7 区域;单击【确定】按钮。

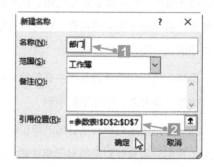

Step5 选中 D2:K7 区域,按【Ctrl】+【G】组合键,弹出【定位】对话框,单击左下角的【定位条件】按钮。

Step6 弹出【定位条件】对话框,单击【常量】单选钮。

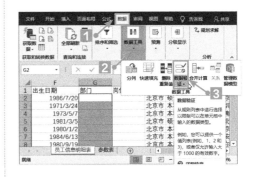

Step9 返回"员工信息明细表"，选中"部门"字段下的单元格区域，然后切换到【数据】选项卡，单击【数据工具】组中的【数据验证】按钮。

Step7 单击【确定】按钮，不要在工作表的单元格区域单击鼠标或击打键盘，切换到【公式】选项卡，在【定义的名称】组中单击【根据所选内容创建】选项。

Step10 弹出【数据验证】对话框，切换到【设置】选项卡，在【允许】下拉列表中选择【序列】选项，在【来源】文本框中输入"=部门"，如下图所示。

Step8 弹出【根据所选内容创建名称】对话框，默认根据【最左列】的值创建名称，单击【确定】按钮。

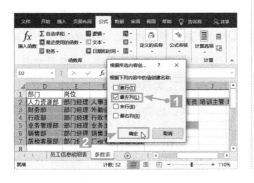

Step11 单击【确定】按钮，"部门"字段的数据验证即设置好了。单击G2单元格，右侧会出现一个下拉按钮，单击选择合适的部门即可。

Step12 选中"岗位"字段下的单元格区域，打开【数据验证】对话框，如下图所示。

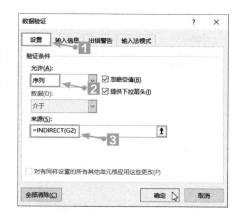

Step14 设置完毕，单击【确定】按钮，岗位列的数据验证即设置好了。此时单击 H2 单元格，右侧会出现一个下拉按钮，单击后会出现 G2 单元格中的部门所对应的岗位，只要单击合适的岗位即可填充。

Step13 切换到【设置】选项卡，在【允许】下拉列表中选择【序列】选项，在【来源】文本框中输入"=INDIRECT(G2)"，如右上图所示。

　　在数据验证中设置序列的来源时，用到了 INDIRECT 函数，接下来我们就学习一下 INDIRECT 函数的基本原理与用法。

　　INDIRECT 函数的功能是把一个字符串表示的单元格地址转换为引用，其语法结构如下。

INDIRECT(字符串表示的单元格地址，引用方式)

　　INDIRECT 函数的转换对象是一个文本字符串，这个文本字符串必须能够表达为单元格或单元格区域的地址，如果不能表达为单元格地址，就会出现错误。函数的第 2 个参数是逻辑值，如果忽略或输入 TRUE，表示的是 A1 引用方式（即常规的方式，列标是字母，行号是数字，例如 A3 表示第 1 列第 3 行）；如果输入 FALSE，表示的是 R1C1 引用方式（即列标是数字，行号是数字，例如 R3C1 表示第 3 行第 1 列，也就是常规的 A3 单元格）。大部分情况下，第 2 个参数可忽略，个别情况下需要设置为 FALSE。

　　在本案例中，设置单元格 H2 的数据验证时，在【数据验证】对话框的【来源】文本框中输入公式"=INDIRECT(G2)"，表示间接引用 G2 单元格的内容，而 G2 单元格的部门都被定义了名称，所以系统会自动引用定义的名称的内容，即各个部门下的所有岗位。最终表现为，H2 的序列来源于 G2 部门对应的所有岗位。

以上就是 INDIRECT 函数的全部内容，看起来比较复杂，但是只要理清逻辑关系，就会发现其实也没那么难。

本章小结

本章主要介绍了以下3个方面的内容。

（1）Excel的数据类型。为不同数据设置正确的数据类型是后续进行数据处理、分析工作的前提。例如"单价"列可以设置为货币型数据，显示为类似"¥200"这种样式，而且"单价"可以参与运算（虽然显示为"¥200"，但并不是文本型数据）。

（2）基本数据的录入。针对一些常见数据，介绍数据录入的方法和技巧，同时介绍怎样设置这些数据更合理。例如，员工编号一般采用"公司标识+数字编码"的规则来设定；在输入身份证号码这种长字符时，应该先为单元格设置格式（设置为文本型数据），再输入身份证号。

（3）高效录入数据的技巧。通过典型的数据录入实例，向读者展示如何借助Excel的功能，又快又准确地录入数据。例如，录入手机号码时，如何让Excel自动检测输入的数字是否是11位；怎样在Excel中做出一个"学历"下拉列表，录入学历信息时，只要在列表中选择即可，无须手动录入，这样录入速度快，而且学历名称规范、统一。

以下是本章的内容结构图及与前后章节的关系。

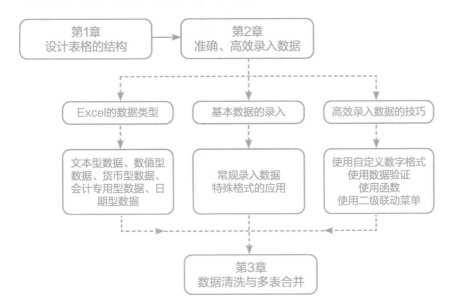

第3章
数据清洗与多表合并

　　如果按照第2章介绍的技巧录入原始数据，就可以得到规范的数据表，在做数据分析时不容易出现问题。但是工作中经常会遇到原始明细表不是自己做的，而是直接从别处获取的情况（例如，工作岗位交接时获取的原始明细表或不同部门之间传递的原始明细表等），这时就要注意这些原始明细表中是否存在着许多不规范的数据。

　　在本章中，将介绍如何将原始明细表中的不规范数据进行清洗，读者在学习这些清洗技巧和方法的同时，可进一步理解数据规范化的含义。

视频链接

关于本章知识，本书配套教学资源中有相关的教学视频，请读者参见资源中的【数据清洗与多表合并】。

3.1 数据清洗的过程

数据清洗，就是将不规范的数据（不一致的数据、错误的数据、不完整的数据和重复的数据等）规范化，其作用是为后续的数据分析提供正确、规范的原始数据。

Mr.E：拿到一份数据，在对其进行分析之前，应先按照第 1 章 1.2.1 小节中介绍的规范化原则检查数据是否规范。如果规范可以直接使用，如果不规范就要对其进行处理，我们称之为数据清洗。

小白：大神，数据有这么多不规范问题，我们该如何清洗呢？

Mr.E：别怕，问题虽然多，但是 Excel 总有针对不同问题的方法。下面我们就来学习数据清洗的过程。

本节将以"销售数据集"为例，介绍几种常用的数据清洗技巧。

 数据备份

在数据清洗过程中不可避免地会出现误操作的情况，导致清洗错误甚至丢失原始数据。因此，在数据清洗前一定要做好数据备份工作，保护好原始数据。

本案例中需要将清洗的原始文件"销售数据集"中的数据进行备份，即将工作表复制一份，具体的操作步骤如下。

配套资源
第 3 章 \ 销售数据集—原始文件
第 3 章 \ 销售数据集—最终效果

扫码看视频

Step1 打开本实例的文件"销售数据集—原始文件"，按住【Ctrl】键的同时，用鼠标左键向右拖动工作表标签，此时工作表标签右侧会出现一个黑色的小三角，并且鼠标指针会带一个文件标志。

Step2 释放鼠标左键，会新建一个工作表"销售数据集（2）"，如右图所示。

接下来的所有数据清洗工作将在复制的工作表"销售数据集（2）"中完成。

3.1.1 构造单行表头

本案例的销售数据集中，标题行占了两行，要变成单行表头，只要将工作表第1行删除即可。具体的操作步骤如下。

配套资源
第3章\销售数据集01—原始文件
第3章\销售数据集01—最终效果

扫码看视频

Step1 打开本实例的文件"销售数据集01—原始文件"，将鼠标指针移动到行号1上，单击选中第1行数据。

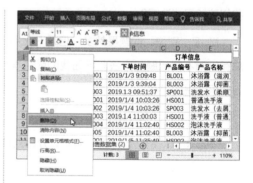

Step3 可以看到第1行标题被删除了，效果如下图所示。

Step2 在第1行数据上单击鼠标右键，在弹出的快捷菜单中单击【删除】选项。

3.1.2 取消合并单元格并快速填充

在本案例中，合并单元格存在于"渠道"列，当然取消合并很简单，但是取消合并单元格就意味着有空单元格产生。一个个填充空单元格的工作量是非常大的，接下来就讲解一下如何快速填充取消合并单元格后产生的空单元格。具体的操作步骤如下。

Step1 打开本实例的文件"销售数据集02—原始文件"，将鼠标指针移动到列标M上，单击左键，选中M列。

Step2 切换到【开始】选项卡，单击【对齐方式】组中的【合并后居中】按钮，取消合并单元格，如下图所示。

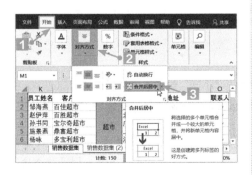

Step3 选中M2:M825区域，按【Ctrl】+【G】组合键，打开【定位】对话框，单击【定位条件】

按钮。

Step4 打开【定位条件】对话框，选中【空值】单选钮。

Step5 单击【确定】按钮，即可选中"渠道"列的所有空单元格。

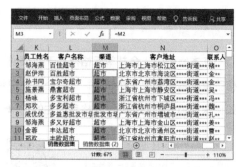

Step6 默认选中的第一个单元格的位置为M3，此时输入等号"="，然后单击M2单元格，即在M3单元格中输入公式"=M2"，如下图所示。

单元格中有公式很容易出错，因此需要将公式转化为数值。

Step8 选择M列，按【Ctrl】+【C】组合键，单击鼠标右键，在弹出的快捷菜单中单击【选择性粘贴】选项，打开如下图所示的【选择性粘贴】对话框，选中【数值】单选钮，单击【确定】按钮，即可将M列的公式转换为数值。

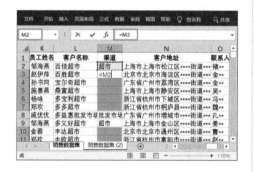

Step7 按【Ctrl】+【Enter】组合键，即可完成所有选中的空单元格的填充，并且填充的内容为每个单元格上方单元格的内容，效果如右上图所示。

3.1.3 快速删除所有小计行或空白行（列）

删除小计行的方法很简单：首先查找表格中的"小计"单元格，然后将其全部选中，执行"删除工作表行"命令，即可将所有"小计"所在的行删除。具体的操作步骤如下。

配套资源
第3章\销售数据集03—原始文件
第3章\销售数据集03—最终效果
扫码看视频

Step1 打开本实例的文件"销售数据集03—原始文件"，按【Ctrl】+【F】组合键，打开【查找和替换】对话框，在【查找内容】文本框中输入"小计"，单击【查找全部】按钮。

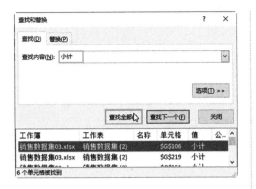

Step2 不要关闭对话框，在对话框中按【Ctrl】+【A】组合键，选择全部"小计"单元格。

Step3 关闭对话框，切换到【开始】选项卡，单击【单元格】组中【删除】按钮的下拉按钮，在弹出的下拉列表中选择【删除工作表行】，即可将所有"小计"所在的行删除。

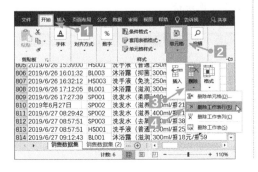

删除空白行、列的方法也很简单：首先选中代表空白行、列的有空单元格的列或行，定位空值，然后删除空值所在的行或列，即可将所有空白的行或列删除。在本例中，我们以删除空白列为例，具体的操作步骤如下。

Step1 在行号1上单击鼠标左键，选中第1行数据，按【Ctrl】+【G】组合键，打开【定位】对话框，单击【定位条件】按钮。

Step2 打开【定位条件】对话框，选择【空值】单选钮，单击【确定】按钮。

Step3 返回工作表，切换到【开始】选项卡，单击【单元格】组中【删除】按钮的下拉按钮，在弹出的下拉列表中选择【删除工作表列】，即可将所有空白列删除。

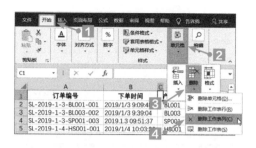

3.1.4 数据分列

Excel 中经常出现不同类型的数据被保存在一列的情况，我们需要根据具体情况对这些数据进行分列，以便让不同的数据分列保存。

常用的分列的方法主要有两种：使用分列工具和使用函数公式。在这里，我们主要讲解使用分列工具对数据进行分列。（关于使用函数公式对数据进行分列的方法在第6章中会具体介绍。）

1. 根据固定的分隔符号进行分列

分列工具适用于数据中有明显的分隔符号的情况，例如逗号、分号、空格或其他分隔符号等。在本案例中，"下单时间"字段就包含了"日期"和"时间"两个属性的数据，并以空格分隔，因此适用分列工具进行分列，具体的操作步骤如下。

配套资源
第3章\销售数据集04—原始文件
第3章\销售数据集04—最终效果
扫码看视频

Step1 打开本实例的文件"销售数据集04—原始文件"，通过观察可以看到"下单时间"字段至少包含3种格式，首先应该将其自定义为统一格式。选中B列，按【Ctrl】+【1】组合键打开【设置单元格格式】对话框，

在【分类】列表框中选择【自定义】选项，在【类型】文本框中输入自定义格式"yyyy/m/d h:mm:ss"。

Step2 设置完毕，单击【确定】按钮，效果如下图所示。

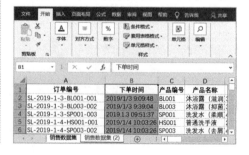

Step3 可以看到，有的日期年、月、日之间是以"."分隔的，需要将其替换为"/"。此时按【Ctrl】+【F】组合键，弹出【查找和替换】对话框。

Step4 切换到【替换】选项卡，然后在【查找内容】文本框中输入"."，在【替换为】文本框中输入"/"，单击【全部替换】按钮。

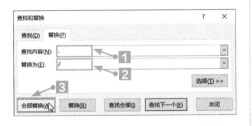

Step5 弹出提示框，单击【确定】按钮。

Step6 关闭【查找和替换】对话框，返回工作表，效果如右上图所示。

Step7 因为"下单时间"要分为两列，所以需要在 B 列和 C 列之间再插入两列。选择 C、D 两列，在列标上单击鼠标右键，在弹出的快捷菜单中单击【插入】选项。

Step8 执行【插入】命令后即可在 B 列右侧插入两列，如下图所示。

　　默认插入的新列的格式与前一列相同，因此新插入的两列是自定义格式，需要将其设置为"常规"格式，在前面已经介绍过单元格格式的设置，只要选中 C、D 两列，切换到【开始】

选项卡，单击【数字】组中文本框右侧的下拉按钮，在弹出的下拉列表中选择【常规】选项，即可将选中的列设置为【常规】格式了。这里我们不再配图，继续介绍分列操作。

Step9 选中 B 列，切换到【数据】选项卡，单击【数据工具】组中的【分列】按钮。

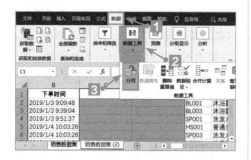

Step10 弹出文本分列向导对话框，选中【分隔符号】单选钮，如下图所示，单击【下一步】按钮。

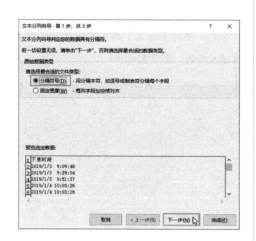

Step11 进入文本分列的第 2 步，勾选【空格】复选框，单击【下一步】按钮。

Step12 进入文本分列的第 3 步，选中【目标区域】文本框中的内容，单击工作表中的 C1 单元格，表示分列后的数据将存放在 C1 单元格开始的区域。

Step13 单击【完成】按钮，返回工作表，效果如下图所示。

Step14 将C列、D列的标题分别改为"下单日期""下单时间",同时将B列删除,最终效果如下图所示。

2. 根据固定的位置进行分列

如果要分列的各个数据之间没有明显的分隔符号,但是要分列的位置是固定的,那么也可以利用分列工具进行快速分列。

在本案例中,"规格"和"单价"列都包含了数量和单位,但是数量和单位的位置都是固定的,因此适用分列工具进行分列,具体的操作步骤如下。

Step1 打开本实例的文件"销售数据集05—原始文件",在F列的右侧插入一个空白列,如下图所示。

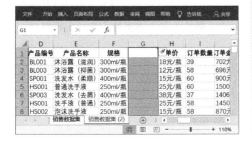

Step2 选中F列,切换到【数据】选项卡,单击【数据工具】组中的【分列】按钮。

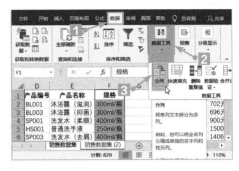

Step3 弹出文本分列向导对话框,选中【固定宽度】单选钮,单击【下一步】按钮。

Step4 进入文本分列的第2步,在标尺上要分列的位置单击鼠标左键即可设置分列线。本案例中因为要把数字单独分离出来,因此在数字右侧单击,出现分列线,最后单击【下一步】按钮。

Tips!

如果分列线的位置有偏差,可以按住鼠标左键拖曳分列线调整位置;如果要移除分列线,按住鼠标左键将其拖曳出数据预览区域即可。

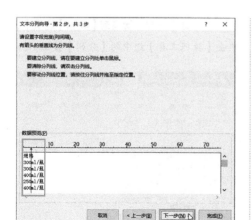

Step5 进入文本分列的第3步，设置列数据格式，这里默认选中【常规】单选钮，单击【完成】按钮。

Step6 返回工作表，效果如下图所示。

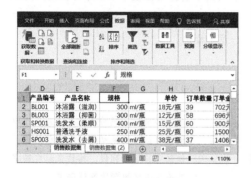

Step7 删除G列，然后将F1单元格的内容改为"规格（ml/瓶）"。

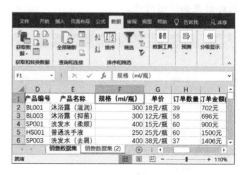

按照同样的方式，再将"单价"列的数据进行分列。具体的操作步骤如下。

配套资源
第3章\销售数据集06—原始文件
第3章\销售数据集06—最终效果
扫码看视频

Step1 打开本实例的文件"销售数据集06—原始文件"，在G列的右侧插入一个空白列，如下图所示。

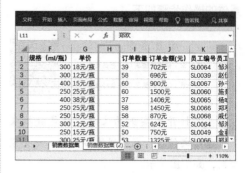

Step2 选中G列，切换到【数据】选项卡，单击【数据工具】组中的【分列】按钮。

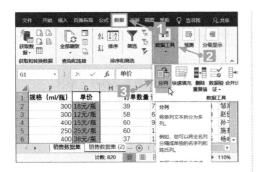

Step3 弹出文本分列向导对话框，选中【固定宽度】单选钮，单击【下一步】按钮。

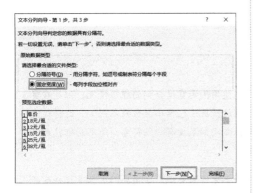

Step4 进入文本分列的第2步，在标尺上要分列的位置单击鼠标左键，设置分列线，单击【下一步】按钮。

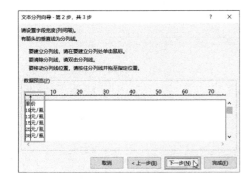

Step5 进入文本分列的第3步，设置列数据格式，这里默认选中【常规】单选钮，单击【完成】按钮。

Step6 返回工作表，可以看到分列效果如下图所示。

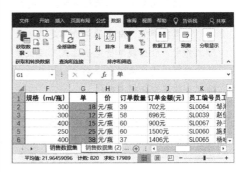

Step7 删除H列，然后将G1单元格的内容改为"单价（元/瓶）"，效果如下图所示。

Tips! 新插入的列单元格格式设置

在Excel中插入新列后，单元格格式会默认与其前一列的单元格格式相同，因此，在插入新列后，一定要将单元格格式设置为"常规"，以免因格式不正确而影响后续操作。

职场
经验

没有固定分隔符号时怎么办？

无法使用分列工具的数据如何分列呢？

在本案例中，所有的单价都是两位数，这是使用固定宽度分列的理想情况。但是在实际工作中，会出现单价是一位或三位数等不同的情况（包括小数位数不同），这样就无法使用固定宽度来进行分列了，并且数字和单位之间如果没有分隔符号，是不是也就无法使用分隔符号分列了呢？

遇到这种情况，不要着急，换个思路也许你会发现新天地！使用分列工具进行分列的方式只有两种，一是分隔符号，二是固定宽度。既然数字位数无法改变，那么能不能给它添加一个分隔符号呢？这就需要用到替换功能。

首先选中单价列，按【Ctrl】+【H】组合键，打开【查找和替换】对话框，在【替换】选项卡下将"元"全部替换为";元"（分号在英文状态下输入），如下图所示。

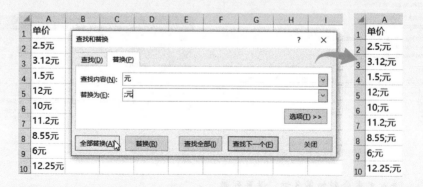

接下来就可以使用分列工具中的分隔符号进行分列了，这里使用的分隔符号是分号。具体的操作步骤不再赘述，读者可以参照本节前面介绍的内容完成分列操作。

3.1.5 快速删除数据中的所有空格

当数据中包含空格时，Excel将空格也当作一个信息保存，比如在Excel看来，"SL001"与"SL001 "（1后面有空格）是两个不同的数据。在数据分析前，需要将这些空格查找出来并清除，具体的操作步骤如下。

配套资源

第3章\销售数据集07—原始文件

第3章\销售数据集07—最终效果

扫码看视频

Step1 打开本实例的文件"销售数据集07—原始文件"，按【Ctrl】+【F】组合键，弹出【查找和替换】对话框。

Step2 在【查找内容】文本框中输入空格，单击【查找全部】按钮。图中列出的所有单元格即为查找出来的包含空格的单元格，可以看出从D2单元格向下的数据区域中都包含空格。

这时可以使用【替换】功能将其清除，具体的操作步骤如下。

Step3 切换到【替换】选项卡，由于【查找内容】文本框中之前已输入空格，这里不需再输入，【替换为】文本框中不输入任何内容，单击【全部替换】按钮，出现下图所示的提示框，单击【确定】按钮即可。

Step4 返回【查找和替换】对话框，切换到【查找】选项卡，【查找内容】文本框中仍然存有之前输入的空格，这里不需再输入，单击【查找全部】按钮。

Step5 弹出下页图所示的提示框，查找不到空格，说明已经全部被清除了，单击【确定】按钮，关闭对话框即可。

3.1.6 将文本型数据转换为数值型数据

在第 2 章中讲过，带绿色小三角的文本型数据，可以参与四则运算，但是不参与函数运算。在实际的数据处理与分析中，我们不可能对大量的文本型数据进行加、减、乘、除这样的计算，而是需要使用函数进行快速计算与汇总。因此，为了让文本型数据能够使用函数进行计算，需要先将文本型数据转换为数值型数据。

在本案例中，"订单数量"列的数字明显是文本型数据，需要将其转换为数值型数据，具体的操作步骤如下。

配套资源
第 3 章 \ 销售数据集 08—原始文件
第 3 章 \ 销售数据集 08—最终效果

扫码看视频

Step1 打开本实例的文件"销售数据集 08—原始文件"，可以看到"订单数量"列的单元格左上角都有一个绿色的小三角。

Step2 单击 H2 单元格，同时按【Ctrl】+【Shift】+【↓】组合键，选中 H2 向下的所有数据区域，H 列左侧会出现一个智能标记图标。

Step3 单击智能标记图标右侧的下拉按钮，出现下拉列表，选择【转换为数字】选项。

Step4 "订单数量"列的文本型数据即可转换为数值型数据。

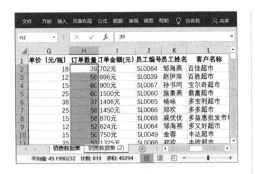

以上就是将文本型数据转换为数值型数据的步骤。看到这里可能有人会有疑问，既然单价和订单数量列的数据都清洗完了，为什么不清洗订单金额列的数据呢？

这是因为本案例中的订单金额等于单价与订单数量的乘积，因此可以通过公式直接计算，这样操作既快速又准确，具体操作步骤如下。

Step1 选中 I 列，将单元格的数字格式设置为【常规】，如下图所示。

Step2 在 I2 单元格中输入公式"=G2*H2"。

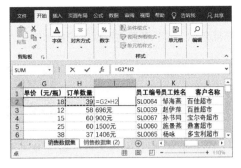

Step3 按【Enter】键。将鼠标指针移动到 I2 单元格的右下角，鼠标指针会变成十字形状 ✚，如下图所示。

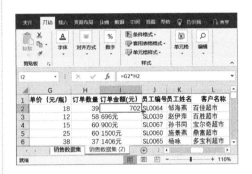

Step4 双击鼠标左键，完成 I2 公式的快速向下填充，填充效果如下图所示。

3.1.7 同一字段中的数据名称应统一

在 Excel 中，每个数据都有自己的属性，这就决定了它归属于哪一个字段，而在同一个字段中，同一类数据的名称一定要相同，否则会影响数据处理与分析的结果。例如，同一个产品编号对应的产品名称应该是相同的，但是在本案例中就出现了同一编号对应了不同的产品名称，这时需要将不规范的名称统一为规范的名称，具体的操作步骤如下。

Step1 打开本实例的文件"销售数据集09—原始文件"，切换到【数据】选项卡，单击【排序和筛选】组中的【筛选】按钮（由于数据量很大，一个个查找不规范的产品名称工作量太大，因此可以通过筛选按钮来快速查看哪些名称不统一），如下图所示。

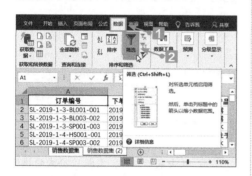

Step2 单击【产品名称】列右侧的筛选按钮，可以看到有两个名称是不统一的，分别是"泡沫洗手液"和"普通洗手液"。

Step3 按【Ctrl】+【H】组合键，弹出【查找和替换】对话框，在【替换】选项卡下的

【查找内容】文本框中输入"泡沫洗手液"，在【替换为】文本框中输入"洗手液（泡沫）"，单击【全部替换】按钮。

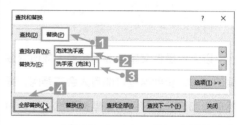

Step4 出现下图所示的提示框，单击【确定】按钮。

接下来采用同样的方式将"普通洗手液"清洗为统一的名称，具体步骤如下。

Step5 返回【查找和替换】对话框，在【替换】选项卡下的【查找内容】文本框中输入【普通洗手液】，在【替换为】文本框中输入【洗手液（普通）】，单击【全部替换】按钮。

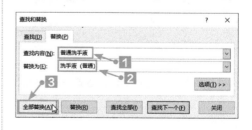

Step6 单击【全部替换】按钮后出现下页图所示的提示框，单击【确定】按钮。

Step7 返回工作表,修改后的产品名称如右图所示。

3.1.8 快速删除重复数据

在整理数据时还有一个重要的问题是在数据预览中不易被肉眼所发现的,那就是重复值。快速删除数据集中的重复数据,留下不重复的数据,可以单击"删除重复值"按钮来完成,具体的操作步骤如下。

配套资源
第3章\销售数据集10—原始文件
第3章\销售数据集10—最终效果

扫码看视频

Step1 打开本实例的文件"销售数据集10—原始文件",单击数据区域的任意一个单元格,切换到【数据】选项卡,单击【数据工具】组中的【删除重复值】按钮。

Step2 弹出【删除重复值】对话框,选中【数据包含标题】复选框,单击【全选】按钮保

证选择所有的列,单击【确定】按钮。

Step3 弹出下图所示的提示框,单击【确定】按钮即可。

3.2 多表合并

> 很多读者可能不知道Power Query是什么，少数人可能会认为只有Excel高手才能使用Power Query这种工具。只有学过的人才会知道，Power Query是一个超级好用，又超级简单的工具。

在数据清洗时，经常需要将不同表格中的原始数据合并到一张表中。很多人选择的方式是复制粘贴，如果表格数量很少，数据量也很少，这种方式操作起来没有问题。但是如果在表格很多、数据量又很大的情况下，你还会选择这种方式吗？那简直太浪费时间了。

最好的选择是使用 Power Query，只要点几下鼠标，就能快速实现多个表格的数据合并。下面就介绍一下使用 Power Query 完成同一工作簿和不同工作簿中多表合并的操作方法。

3.2.1 同一工作簿的多表合并

在下图所示的"上半年销售明细"工作簿中包含了 1~6 月的销售明细表，如何将这 6 个工作表中的数据合并到一个表中呢？具体的操作步骤如下。

配套资源
第3章\上半年销售明细—原始文件
第3章\上半年销售明细—最终效果

Step1 打开本实例的文件"上半年销售明细—原始文件"，按【Ctrl】+【N】组合键，新建一个空白工作簿。切换到【数据】选项卡，单击【获取数据】按钮，在下拉列表中选择【自文件】▶【从工作簿】。

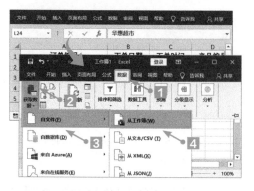

Step2 弹出【导入数据】对话框，选择需要合并的工作簿，本案例中是【上半年销售明细—原始文件】，单击【导入】按钮。

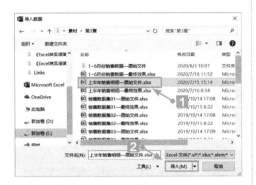

Step3 弹出【导航器】对话框，在左侧的列表框中选中【选择多项】复选框，然后在下方选中需要合并的工作表，单击【转换数据】按钮。

进入【Power Query 编辑器】，首先查看各列数据的数据类型是否正确以及是否含有空行，当前工作表是【1月份销售明细】，只有【下单时间】列的数据类型不正确，需要将其数据类型更改为【时间】。

Step4 选中【下单时间】列，然后单击【数据类型】右侧的下拉按钮，在下拉列表中选择【时间】选项，弹出【更改列类型】对话框，单击【替换当前转换】按钮。重复以上步骤，将其余各月销售明细表中的【下单时间】列的数据类型全部更改为【时间】。

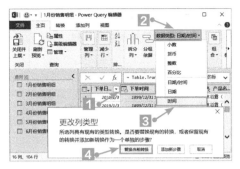

Step5 接下来删除空行，直接单击【减少行】组中的【删除行】按钮，在下拉列表中选择【删除空行】即可。重复以上操作，将其余各月销售明细表中的空行全部删除。

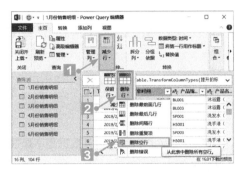

Step6 单击【组合】组中的【追加查询】按钮，弹出【追加】对话框，单击【三个或更多表】单选钮，在【可用表】列表框中选中除当前表之外的其他所有表，单击【添加】按钮，最后单击【确定】按钮。

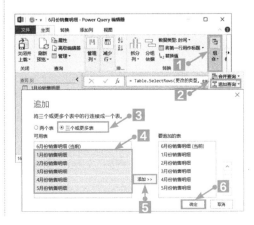

Step7 追加完成后，单击【Power Query 编辑器】中的【关闭并上载】按钮。

稍等几秒即可完成数据的合并。可以看到在默认的空白工作表 Sheet1 的前面会生成 6 个新的工作表，只有 Sheet2 是在 1 月销售明细的基础上追加的 2~6 月的销售明细（上述 Step7），因此 Sheet2 才是我们最终需要的 1~6 月的销售明细表，将其他工作表删除，只保留工作表 Sheet2 即可。最后将 Sheet2 重命名为"上半年销售明细"。

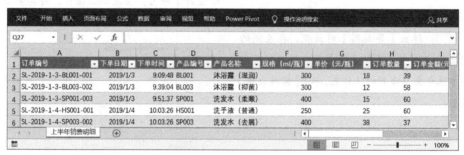

使用 Power Query 合并数据是不是很简单呢？接下来再介绍一下不同工作簿中的多表合并的操作。

3.2.2　不同工作簿的多表合并

在下图所示的文件夹中包含了 1~6 月的销售明细表工作簿，如下面左图所示，每个工作簿中都存放着当月的销售明细数据，如下面右图所示。

如何将该文件夹中的工作簿进行合并呢？具体操作如下。

Step1 新建一个空白工作簿，重命名为"1~6月份销售数据—最终效果"，然后切换到【数据】选项卡，单击【获取数据】按钮，在下拉列表中选择【自文件】▷【从文件夹】。

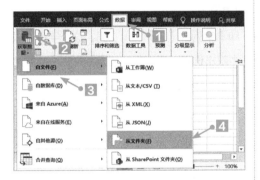

Step2 弹出【文件夹】对话框，单击【浏览】按钮，弹出【浏览文件夹】对话框，找到需要的文件夹【1~6 月份销售数据—原始文件】，单击【确定】按钮，返回【文件夹】对话框，单击【确定】按钮。

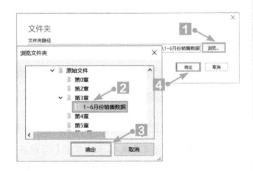

Step3 弹出界面中显示了选中文件夹中的所有工作簿，直接单击【转换数据】按钮。

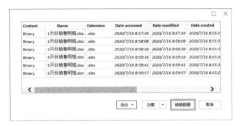

进入【Power Query 编辑器】后，首先观察各列信息，只有 Content 列的数据是有用的，而其他列都是无用的，需要将它们删除。

Step4 选中【Content】列，单击【管理列】组中的【删除列】按钮，在下拉列表中选择【删除其他列】。

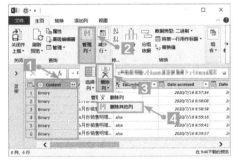

删除其他列后，我们会发现 Content列的数据内容仍无法正常显示，这是因为【Content】列显示的是二进制数据，而二进制数据是无法直接提取的，此时需要添加列，然后使用公式将【Content】列的数据提取出来。

Step5 切换到【添加列】选项卡，单击【常规】组中的【自定义列】按钮，弹出【自定义列】对话框，将【新列名】改为"汇总表"，在【自定义列公式】中输入公式，单击【确定】按钮。

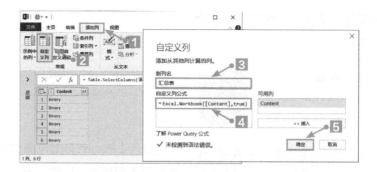

公式中的 Excel.Workbook 函数主要用于从 Excel 工作簿返回工作表的记录。其语法结构如下。

Excel.Workbook(要转换的二进制字段，逻辑值)

函数的第一个参数为要转换的二进制字段，即本案例的【Content】列，这个字段可以在【自定义列】对话框右侧的【可用列】列表框中双击选择，不必手动输入；第二个参数为逻辑值，若使用第一行作为标题则输入"true"；若不使用则可以输入"false"、"null"或者不输入。本案例要使用，因此输入"true"。

Step6 单击【汇总表】列右侧的扩展按钮，在弹出的列表框中单击【确定】按钮。

Step7 可以看到，由【汇总表】列展开的其他列中仍然有一个列的右侧有扩展按钮，说明该列中还有部分列没有被展开。单击【汇总表.Data】列右侧的扩展按钮，在弹出的列表框中单击【确定】按钮。

所有的列都展开后，需要更改含有日期和时间数据的列的数据格式。

Step8 选中【汇总表.Data】前后的几个无用列，切换到【主页】选项卡，单击【管理列】组中的【删除列】按钮，在下拉列表中选择【删除列】选项。

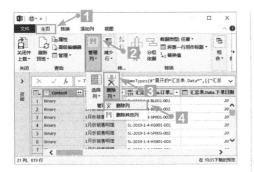

接下来需要更改含有日期和时间数据的列的数据格式。

Step9 选中【汇总表.Data.下单日期】列，切换到【主页】选项卡，单击【数据类型】按钮，在下拉列表中选择【日期】选项。

Step10 选中【汇总表.Data.下单时间】列，切换到【主页】选项卡，单击【数据类型】按钮，在下拉列表中选择【时间】选项。

Step11 上述操作完成后，单击【关闭并上载】按钮。

稍等几秒即可完成数据的合并。可以看到在默认的空白工作表 Sheet1 的前面会生成一个新的工作表 Sheet2，将其重命名为"1~6 月份销售数据"，然后将 Sheet1 删除，也可以将标题名称中的"汇总表.Data."删除，最终效果如下图所示。

本章小结

本章主要介绍了数据清洗与多表合并，以下是主要内容。

（1）数据预览。拿过一份数据，首先要进行预览，按照规范化原则查看是否存在不规范数据，即确定是否需要进行数据清洗。

（2）数据备份。如果确定要进行数据清洗，需要先将数据备份，保护好原始数据，即在复制的原始明细表中进行清洗操作，避免操作失误，数据无法恢复。

（3）数据清洗的八大技巧。本章结合具体实例讲解了数据清洗常用的八大技巧，例如取消所有的合并单元格并快速填充，对不同类型的数据进行快速分列等。掌握了这些技巧就可以处理工作中常见的不规范数据，轻松完成数据清洗工作。

（4）多表合并。如果要清洗的原始数据不是在一张表中，而是在同一工作簿的多个工作表中，或者是不同的工作簿中，就需要先将他们进行合并。合并过程主要使用了Excel的插件 Power Query，如果你用的是 Excel 2016 之前的版本，需要在微软官网下载相关的插件。Power Query 会让你的工作效率倍增！

以下是本章与前后章节的结构关系图。

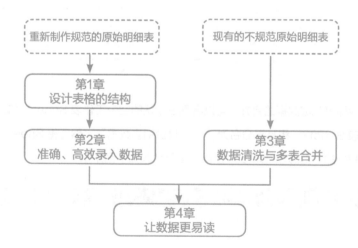

第4章
让数据更易读

通过前面几章的学习，用户可以自己设计出规范的表格，学会录入数据，并且对于已有的数据，也能够找出掺杂的"脏"数据并清洗干净。经过以上流程，原始明细表的制作就基本完成了。为什么说是基本完成呢？因为原始明细表虽然不用像报表一样做得很漂亮，但是至少要保证使用起来方便、高效，数据易读。因此在制作完成后，基本的调整与美化也是必要的。

在本章中将介绍几种让数据更易读的方法，包括设置字体格式、设置对齐方式、调整行高列宽、填充背景颜色等。相信经过以上几个简单的操作，原始明细表中的数据会更易读，使用起来也会更高效。

视频链接

关于本章知识，本书配套教学资源中有相关的教学视频，请读者参见资源中的【让数据更易读】。

4.1 设置字体格式

在制作表格时，可以通过设置单元格的字体格式来让表格中的数据更易读，录入更方便，其中包括设置字体字形和调整字号大小。

小白：大神，打开 Excel 时系统都有一个默认的字体格式吧？

Mr.E：对，打开 Excel 时，系统默认的字体格式是等线字体、字号是 11 号。用户可以根据表格的内容或个人喜好，重新设置合适的字体格式。下面我们就讲解一下如何设置字体格式让员工信息明细表中的数据更易读。

4.1.1 设置字体字形

Excel 中最常用的字体就是宋体、仿宋，或者黑体、微软雅黑等颜色较深的字体，同时建议将标题行的字体加粗，这样看起来会更醒目一些。在本案例中，我们将字体设置为微软雅黑，同时将标题行的字体加粗。具体的操作步骤如下。

配套资源
第 4 章 \ 员工信息明细表—原始文件
第 4 章 \ 员工信息明细表—最终效果

扫码看视频

Step1 打开本实例的文件"员工信息明细表—原始文件"，切换到【开始】选项卡，在【字体】组中会显示当前的字体格式。

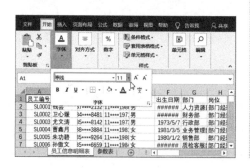

Step2 单击工作表左上角的全选按钮，选中整张表的内容，如下图所示。

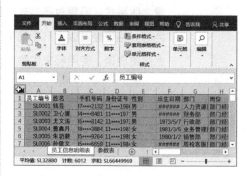

Step3 切换到【开始】选项卡，单击【字体】组中【字体】文本框右侧的下拉按钮，选择【微软雅黑】。

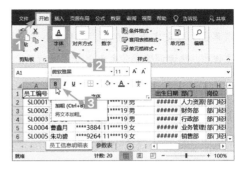

Step4 设置好字体后的效果如下图所示。

Step6 将标题行字体设置为加粗后的效果如下图所示。

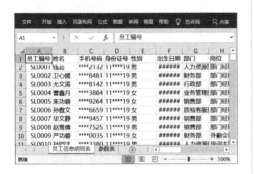

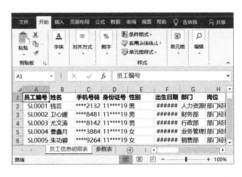

Step5 选中标题行,单击【字体】组中的【加粗】按钮 B 。

4.1.2 调整字号大小

字号一般用 12 号,但是也要根据内容而定。当内容较多时,可以用 10 号,但是不要小于 10 号,否则看起来比较费劲;当内容较少时,可以用 14 号,但一般不要超过 16 号,否则看上去太拥挤,不协调。在本案例中,我们将字号设置为 12 号,具体的操作步骤如下。

配套资源
第 4 章 \ 员工信息明细表 01—原始文件
第 4 章 \ 员工信息明细表 01—最终效果

扫码看视频

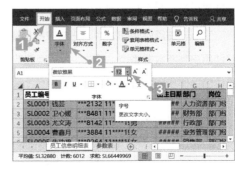

Step1 打开本实例的文件"员工信息明细表 01—原始文件",全选工作表,单击【字体】组中【字号】文本框右侧的下拉按钮,将字号设置为【12】。

Step2 除了上述方式设置字号大小，还可以单击【增大字号】按钮 A 和【减小字号】按钮 A，快速调整字号大小，如下图所示。

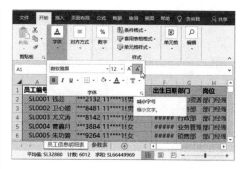

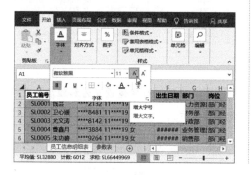

使用该方式调节字号的好处是可以随时预览调整后的字号效果，不用反复单击下拉按钮点选，以节约时间，提高工作效率。

4.2 设置对齐方式

单元格中的数据排列如果杂乱无章，不仅影响美观，而且会影响数据读取的效果，因此应该为同列或同行数据设置统一的对齐方式。

单元格的对齐方式包括顶端对齐、垂直居中、底端对齐、文本左对齐、居中、文本右对齐等。前面的内容中讲过，在默认情况下，文本型数据（如汉字、字母等）在水平方向左对齐（常规），垂直方向居中对齐。数值型数据（如日期、时间、数字等）在水平方向右对齐（常规），垂直方向居中对齐。

如果想要更改其默认的对齐方式，就需要单击【开始】选项卡，在【对齐方式】组中选择要设置的对齐方式即可。

注意，在原始明细表中，正文数据尽量采用默认的对齐方式，通过不同的对齐方式可以帮助用户判断数据类型。同时，为了读取数据方便，建议将标题行数据水平、垂直居中对齐。具体的操作步骤如下。

配套资源
第4章\员工信息明细表02—原始文件
第4章\员工信息明细表02—最终效果

扫码看视频

Step1 打开本实例的文件"员工信息明细表02—原始文件"，选中标题行。

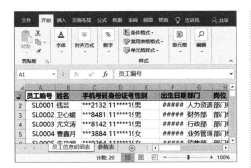

Step2 切换到【开始】选项卡，单击【对齐方式】组中的【垂直居中】和【居中】按钮。

Step3 设置完成后的效果如下图所示。

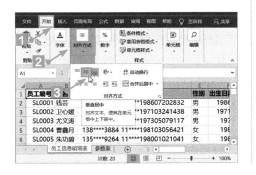

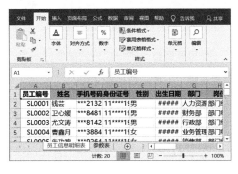

以上介绍的是设置行数据的对齐方式，列的对齐方式与上述相同，只要选中整列，单击需要的对齐方式按钮即可。

4.3 调整行高列宽

除了设置字体格式、对齐方式，还有一种非常重要的格式设置，那就是调整行高列宽。调整行高列宽主要有两种方法，下面我们分别介绍。

4.3.1 快速设置最合适的列宽

行高会根据字体大小，自动调整到能够显示完整数据最合适的高度。下面介绍如何快速将列宽调整到最合适的宽度。

配套资源
第4章\员工信息明细表03—原始文件
第4章\员工信息明细表03—最终效果

扫码看视频

Step1 打开本实例的文件"员工信息明细表03—原始文件",选中整个工作表,将鼠标指针放在列标A、B的中间,如下图所示。

Step2 双击鼠标左键,所有列宽会自动调整到使数据完全显示的最合适的宽度,如下图所示。

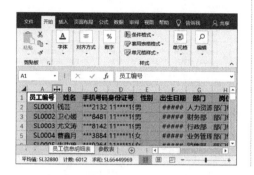

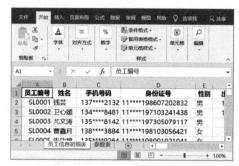

如果要调整个别行或列的高度或宽度,只需将鼠标指针放在两个行号或列标之间,按住鼠标左键上下或左右拖动即可。

4.3.2 自定义设置行高列宽

除了上述方式之外,还可以使用对话框来精确设置行高或列宽的大小。将行高设置为22~26磅是比较合适的宽度,看起来会更舒适、读取数据更容易。本案例中将行高设置为22磅,具体的操作步骤如下。

Step1 打开本实例的文件"员工信息明细表04—原始文件",选中整个工作表,在行号上单击鼠标右键,弹出快捷菜单,单击【行高】选项。

Step2 弹出【行高】对话框,在文本框中输入【22】,如下图所示。

Step3 单击【确定】按钮后,所有行高被调整为22,效果如下图所示。

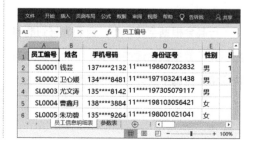

使用对话框精确调整列宽的方法与上述方法相同，在列标上单击鼠标右键，在弹出的快捷菜单中单击【列宽】选项，按照提示进行操作即可。

4.4 设置边框和底纹

在编辑表格时，可以为单元格或者单元格区域设置边框和底纹，这样可以让表格更直观，内容更突出。

4.4.1 设置边框

工作表中默认是没有边框的，我们看到的只是 Excel 的网格线而非边框，如下面左图所示。网格线只是用来辅助用户区分单元格的，一旦关闭网格线，工作表中的线就会消失，如下面右图所示。

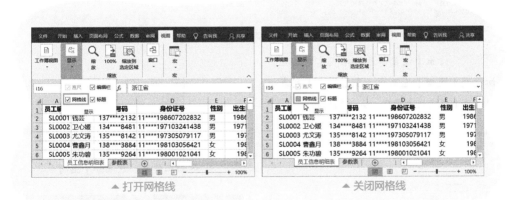

▲ 打开网格线　　　　　　　　　　▲ 关闭网格线

所以我们在做好一个数据表后，最好设置一下边框，这样在查看数据时，无论是否显示网格线，都可以清晰地分辨各行各列。具体操作步骤如下。

配套资源

第 4 章 \ 员工信息明细表 05—原始文件

第 4 章 \ 员工信息明细表 05—最终效果

扫码看视频

Step1 打开本实例的文件"员工信息明细表 05—原始文件"，单击数据区域的任意一个单元格，按【Ctrl】+【A】组合键，选中整个数据区域。

切换到【开始】选项卡，单击【字体】组右下角的对话框启动器按钮 ⌐。

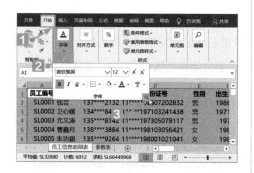

Step3 弹出【设置单元格格式】对话框，切换到【边框】选项卡，在【样式】列表框中选择【单实线】选项，如下图所示。

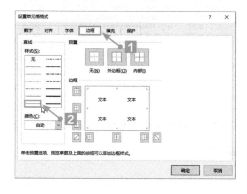

Step4 在【颜色】下拉列表中选择【灰色，个性色3，淡色40%】选项。

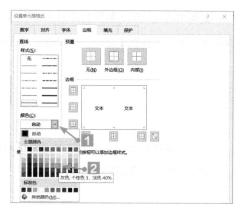

Step5 在【边框】组中依次单击【上框线】按钮 ⊞、【中间横框线】按钮 ⊞、【下框线】按钮 ⊞ 和【中间竖框线】按钮 ⊞，最后单击【确定】按钮。

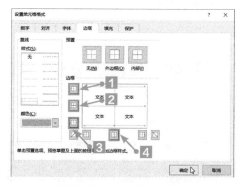

Step6 返回工作表，效果如下图所示。

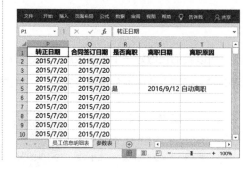

　　边框设置完成后，数据看起来就更清晰、更直观了，即使在关闭网格线的情况下，边框还是会一直存在。

4.4.2 填充底纹

在原始明细表中，为了使标题行更加突出，可以给标题行填充底纹。底纹的颜色填充没有特定的原则，只要能达到突出显示并不会弱化字体的效果即可，即填充的底纹颜色与字体颜色尽量为对比色。在本案例中，介绍一下填充标题行背景颜色的具体操作步骤。

Step1 打开本实例的文件"员工信息明细表06—原始文件"，选中A1:T1区域，切换到【开始】选项卡，在【字体】组中单击【填充颜色】按钮右侧的下拉按钮，在弹出的主题颜色中选择一种合适的颜色即可。

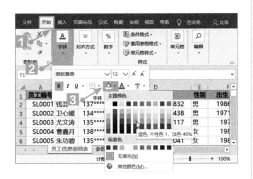

Step2 如果没有合适的颜色，可以单击【其他颜色】选项。

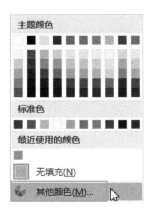

Step3 弹出【颜色】对话框，单击【自定义】选项卡，用鼠标拖动颜色条中的箭头，上下拖动即可调整颜色，也可以直接输入RGB数值。

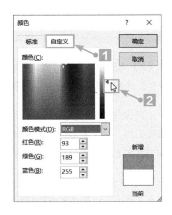

Step4 调整完成后，单击【确定】按钮，即可为选中的单元格区域自定义背景颜色。

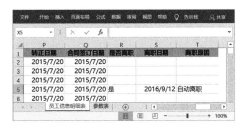

这样数据就更易读啦！

Tips!

本章的内容针对的是原始明细表，目的是使原始明细表中的数据更易读，而原始明细表更多的是为报表服务，不是用来展示数据分析结果的，所以不需要使用复杂的功能来美化它，只要能够达到使表格整洁、美观、易读的效果即可。

关于报表表格的美化处理，在后续内容中会详细介绍，敬请期待！

本章小结

本章主要介绍了以下几种使原始明细表中的数据易读的方法。

（1）设置字体格式。Excel默认的字体比较小，读取数据并不是最舒适的，读者可以根据需要调整字体和字号，例如设置为微软雅黑、12号。

（2）设置对齐方式。原始明细表中同一列的数据都是同一属性的，采取默认的对齐方式即可，但是肉眼读取的主要是标题行内容，因此将标题行设置为居中对齐，会更整洁易读。

（3）调整行高列宽。行高会根据字体大小进行调整，但是自动调整的行高相对来说还是比较小的，需要手动调整。例如，字体是12号，建议将行高调整为22~26磅。列宽则需根据各列内容进行调整，没有确定的数值。

（4）填充背景颜色。在原始明细表中，可以将标题行或者重要的列标题填充背景颜色，重点突出，以便需要时能够从多个标题中快速读取。

以下是本章与前后章节的关系。

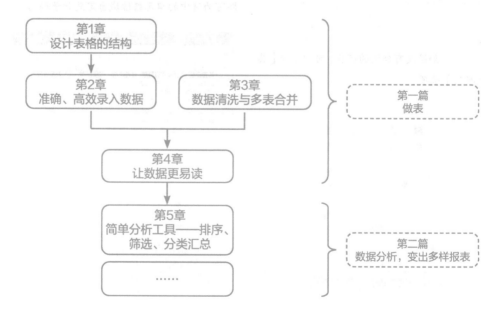

第二篇

数据分析，
变出**多样报表**

内容导读

在第一篇内容中介绍了如何从头开始制作一个新的原始明细表，如何准确高效地录入数据、数据清洗。这一系列准备工作，都是为了后续的数据分析打好基础。

数据分析的最终结果就是呈现出各种汇总报表，报表用于汇总和分析数据，体现数据背后的含义和价值，从而为分析决策提供服务。而所有的报表都可以在原始明细表的基础上通过函数关联或分析工具"变"出来。换句话说，就是所有数据分析的源数据都来源于原始明细表。上篇中已经学习了如何制作原始明细表，因此本篇的重点就是学习如何"变"出报表。

数据分析常用的工具有：排序、筛选、分类汇总、函数、数据透视表、图表等，在本篇中将对这些工具进行具体的介绍。通过本篇的学习，读者可以用更短的时间完成更多的工作，可以从职场"小白"转身成为职场高手。

学习内容

第5章
简单分析工具
——排序、筛选、分类汇总

Excel包含了大量的数据分析技巧，想要全部掌握并不是件容易的事。如果能够将简单的工具用到极致，你也可以成为高手，快来学习一下吧！

在本章中将介绍几个简单的分析工具，包括排序、筛选和分类汇总。使用这几个工具可以直接从原始明细表中筛选或汇总数据，帮助大家完成简单的统计与分析工作，快速得到需要的报表。

视频链接

关于本章知识，本书配套教学资源中有相关的教学视频，请读者参见资源中的【简单分析工具——排序、筛选、分类汇总】。

5.1 让数据井然有序排好队

在数据分析的过程中，对数据进行排序是非常重要的手段。排序功能用好了，可以帮用户解决很多问题。

5.1.1 简单排序

小白：大神，排序我会啊，不就是将数据按照升序或降序排列吗！

Mr.E：Excel 提供的数据排序功能可不仅仅局限于升序和降序两种方法，还有按颜色排序等其他方法，使用这些方法就可以解决工作中的常见问题了，我们先来介绍一下这些简单排序方法。

数据排排坐？

1. 按单元格值排序

刚过完端午假期，又正好赶上年中促销，公司王总想了解一下 6 月第 2 周的产品订单情况，现在需要对 6 月第 2 周的订单金额进行排序。具体的操作步骤如下。

配套资源
第 5 章 \1 周订单统计表—原始文件
第 5 章 \1 周订单统计表—最终效果

扫码看视频

Step1 打开本实例的文件"1 周订单统计表—原始文件"，选中 I1 单元格，如下图所示。

Step2 单击【数据】选项卡下【排序和筛选】组中的【降序】按钮。

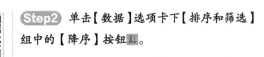

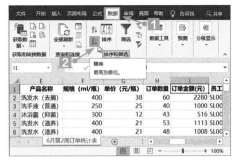

Step3 操作完成后，表格中的数据就会按照订单金额降序排列。

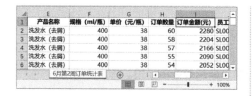

2. 按颜色排序

在数据分析前期，可以将重点数据标注出来，如改变单元格的背景颜色或改变字体颜色等。在数据分析的过程中，可以将标注出来的数据集中在一起查看，此时可以按照单元格的背景颜色或字体颜色进行排序，具体的操作步骤如下。

配套资源
第5章\1周订单统计表01—原始文件
第5章\1周订单统计表01—最终效果

扫码看视频

Step1 打开本实例的文件"1周订单统计表01—原始文件"，选中一个红色数据所在的单元格，例如H3，如下图所示。

Step2 在H3单元格上单击鼠标右键，在弹出的快捷菜单中单击【排序】选项➤【将所选字体颜色放在最前面】，如下图所示。

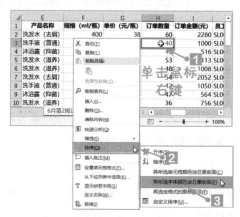

Step3 操作完成后，可以看到所有红色字体的数字都排在了最前面，效果如下图所示。

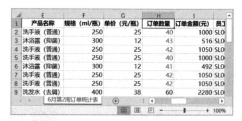

如果想要按照所选单元格的颜色进行排序，只需在有颜色的单元格上单击鼠标右键，在弹出的快捷菜单中选择【排序】➤【将所选单元格颜色放在最前面】即可。

5.1.2 复杂排序

1. 自定义排序

对数字字段的排序比较简单，只要根据数字的大小进行排序即可；对文字字段的排序规则却要复杂得多。在下页图所示的产品销量统计表中，数据是按照订单时间排序的，分析时需要按照产品名称进行排序，按照"沐浴露（清爽）、沐浴露（抑菌）、沐浴露（滋润）、洗发水（去屑）、洗发水（柔顺）、洗发水（滋养）、洗手液（免洗）、洗手液（普通）、洗手液（泡沫）"的顺序显示。这种情况下可以自定义排序规则，具体操作步骤如下。

配套资源

第5章\1周产品销量统计表—原始文件

第5章\1周产品销量统计表—最终效果

Step1 打开本实例的文件"1周产品销量统计表—原始文件"，选中数据区域的任意一个单元格，切换到【数据】选项卡，单击【排序和筛选】组中的【排序】按钮，如下图所示。

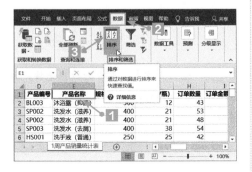

Step2 弹出【排序】对话框，单击【主要关键字】文本框右侧的下拉按钮，在弹出的下拉列表中选择【产品名称】；单击【排序依据】文本框右侧的下拉按钮，在弹出的下拉列表中选择【单元格值】；单击【次序】文本框右侧的下拉按钮，在弹出的下拉列表中选择【自定义序列】，单击【确定】按钮。

Step3 弹出【自定义序列】对话框，在【输入序列】文本框中按照顺序输入产品名称，注意各名称之间要使用英文逗号隔开，序列输入完成后单击【添加】按钮，然后单击【确定】按钮。

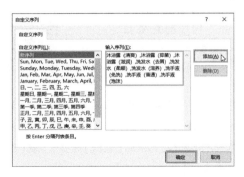

Step4 返回【排序】对话框，单击【确定】按钮。

Step5 返回工作表，销售数据即按照产品名称进行排序，其顺序与自定义设置的顺序一致，如下页图所示。

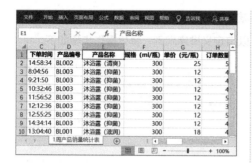

2. 多条件排序

Excel 还可以对数据进行多条件排序。例如按照产品名称进行自定义排序后，在产品名称相同的情况下，还可以按照订单金额进行降序排序。具体操作步骤如下。

配套资源
第5章\1周产品销量统计表01—原始文件
第5章\1周产品销量统计表01—最终效果

扫码看视频

Step1 打开本实例的文件"1周产品销量统计表01—原始文件"，选中数据区域的任意一个单元格，切换到【数据】选项卡，在【排序和筛选】组中单击【排序】按钮。

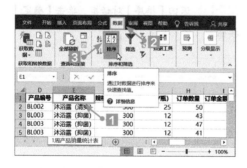

Step2 弹出【排序】对话框，可以看到主要关键字为之前设置好的【产品名称】。

Step3 此时单击【添加条件】按钮，下方出现次要关键字。

Step4 依次单击文本框右侧的下拉按钮，按下图所示进行设置，设置完成后单击【确定】按钮。

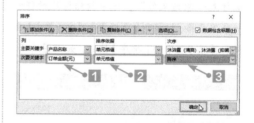

Step5 返回工作表，表中的数据先按产品名称排序，再按订单金额降序排序，如下图所示。

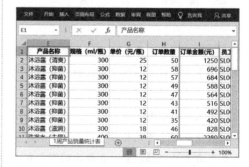

5.2 筛选出符合条件的数据

当Excel工作表中的数据比较多，我们只想查看其中符合某些条件的数据时，可以使用筛选功能。按照筛选条件的不同，可以分为单一条件筛选和复杂条件筛选，下面我们分别介绍。

5.2.1 按单一条件筛选数据

按单一条件筛选数据时，可以使用 Excel 的自动筛选功能。这是一个易于操作且经常使用的实用功能，筛选时将不满足条件的数据隐藏起来，只显示符合条件的数据。本小节以在职员工信息表为例，筛选出符合条件的数据。

1. 按数字筛选

如果列字段是数字型数据，可以进行数字筛选。在本案例中，需要筛选出公司年龄最小的 10 位员工的信息,具体操作步骤如下。

配套资源
第 5 章 \ 在职员工信息表—原始文件
第 5 章 \ 在职员工信息表—最终效果
扫码看视频

Step1 打开本实例的文件"在职员工信息表—原始文件"，选中数据区域的任意一个单元格，切换到【数据】选项卡，单击【排序和筛选】组中的【筛选】按钮。

Step2 此时在每个字段名右侧会出现一个下拉按钮▼，如下图所示。

Step3 单击"年龄"字段右侧的下拉按钮，在弹出的下拉列表中选择【数字筛选】，在其级联菜单中选择【前10项】。

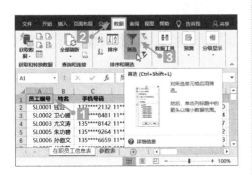

Step4 弹出【自动筛选前10个】对话框，单击【最大】右侧的下拉按钮，选择【最小】，单击【确定】按钮。

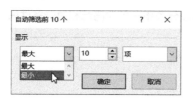

Step5 返回工作表即筛选出年龄最小的10个员工的信息，如下图所示。

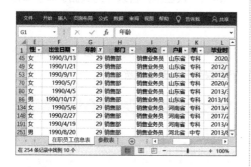

Step6 如果想要撤销筛选操作，再次单击年龄字段右侧的下拉按钮，在弹出的下拉列表中选择【从"年龄"中清除筛选】即可，如下图所示。

2. 按文本筛选

如果列字段是文本型数据，可以进行文本筛选。在本案例中，需要筛选出未婚员工

的信息，具体操作步骤如下。

Step1 打开本实例的文件"在职员工信息表01—原始文件"，单击"婚姻状况"字段右侧的下拉按钮，在弹出的下拉列表中选择【文本筛选】，在其级联菜单中选择【等于】。

Step2 弹出【自定义自动筛选方式】对话框，单击【等于】右侧的文本框的下拉按钮，选择【未婚】，单击【确定】按钮。

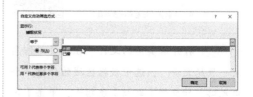

Step3 返回工作表，即可筛选出所有未婚员工的信息。

3. 按颜色筛选

在登记员工信息时，为了便于区分职位，将清洁工的姓名全部以蓝色标记，如果需要查看清洁工的信息，可以直接按颜色筛选，具体操作步骤如下。

Step1 打开本实例的文件"在职员工信息表02—原始文件"，单击"姓名"字段右侧的下拉按钮，在弹出的下拉列表中选择【按颜色筛选】，在其级联菜单中选择蓝色，如下图所示。

Step2 筛选后即可看到所有姓名的字体颜色为蓝色的员工信息，如下图所示。

4. 按日期筛选

在职员工信息表中包含了员工的出生日期，如果想要查看生日在8月的员工信息，可以按日期筛选，具体操作步骤如下。

Step1 打开本实例的文件"在职员工信息表03—原始文件"，单击"出生日期"字段右侧的下拉按钮，在弹出的下拉列表中选择【日期筛选】▶【期间所有日期】▶【八月】。

Step2 筛选后即可看到所有出生日期为8月的员工信息，如下图所示。

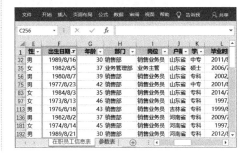

5. 按关键字筛选

如果要筛选出包含某文字或者某数字的数据时，可以使用关键字筛选，即在筛选的搜索文本框中输入该文字或数字。

例如，要筛选出岗位名称中包含"专员"的员工信息，只需在岗位的筛选搜索框中输入"专员"即可，具体的操作步骤如下。

配套资源
第 5 章 \ 在职员工信息表 04—原始文件
第 5 章 \ 在职员工信息表 04—最终效果

扫码看视频

Step1 打开本实例的文件"在职员工信息表 04—原始文件"，单击"岗位"字段右侧的下拉按钮，找到下图所示的搜索框。

Step2 在搜索框中输入关键字【专员】，如下图所示。

Step3 单击【确定】按钮，即可筛选出岗位中含"专员"二字的员工信息。

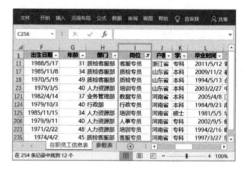

5.2.2 按复杂条件筛选数据

前面讲解的都是按单一条件筛选数据，但是在实际工作中有时需要筛选出同时满足多个条件的数据，此时就可以选择自定义筛选或高级筛选。

1. 自定义筛选

例如，在在职员工信息表中，如果要筛选出年龄在 45~50 岁的员工信息，就需要使用自定义筛选功能，具体操作步骤如下。

配套资源

第5章\在职员工信息表05—原始文件

第5章\在职员工信息表05—最终效果

Step1 打开本实例的文件"在职员工信息表05—原始文件",单击"年龄"字段右侧的下拉按钮,在弹出的下拉列表中选择【数字筛选】▷【自定义筛选】,如下图所示。

2. 高级筛选

当筛选条件较复杂时,可以使用高级筛选功能,其筛选结果可以显示在原数据表中,不符合条件的记录被隐藏起来;也可以在新的位置显示筛选结果,不符合条件的记录同时保留在数据表中而不会被隐藏起来。

高级筛选的操作方式与前面所讲的简单的筛选方式不同,它需要先设置条件区域,然后根据条件区域再去筛选数据。使用高级筛选可以实现多列多条件同时筛选,并且可以删除重复数据,方式更灵活。下面我们以一个实例来具体讲解一下高级筛选的操作步骤。

现有一份在职员工信息表,公司工会计划举办一次大龄员工相亲活动,想要查看目前公司30岁以上未婚女士或35岁以上未婚男士的信息。下面我们使用高级筛选来完成这项工作,具体的操作步骤如下。

Step2 弹出【自定义自动筛选方式】对话框,将其显示条件设置为大于或等于45并且小于或等于50,如下图所示。

Step3 设置完成,单击【确定】按钮,即可筛选出年龄在45~50岁的员工信息,如下图所示。

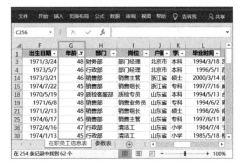

配套资源

第5章\在职员工信息表06—原始文件

第5章\在职员工信息表06—最终效果

Step1 打开文件"在职员工信息表06—原始文件",在T1:V3区域输入筛选条件"男"">35""未婚"或"女"">30""未婚"。

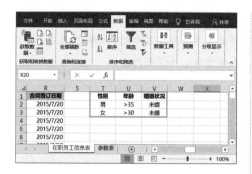

Step2 切换到【数据】选项卡，单击【排序和筛选】组中的【高级】按钮 。

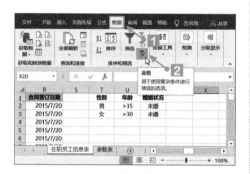

Step3 弹出【高级筛选】对话框，在【方式】组合框中单击【将筛选结果复制到其他位置】单选钮，然后单击【列表区域】文本框右侧的折叠按钮 ，如下图所示。

Step4 选择区域A1:R255，单击展开按钮 。

Step5 同理，单击【条件区域】文本框右侧的折叠按钮 ，选择条件区域 T1:V3，如下图所示。

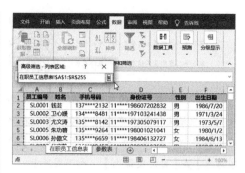

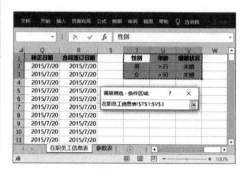

Step6 单击展开按钮 。单击【复制到】文本框右侧的折叠按钮 ，选择单元格 X1，如下图所示。

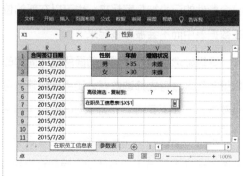

Step7 单击展开按钮 ，选中【选择不重复的记录】复选框。

Step8 单击【确定】按钮，返回工作表，即可看到筛选结果被单独复制到以 X1 开头的区域，如下图所示。

高级筛选的使用规则

① 条件区域的字段名与原始数据区域的字段名必须完全相同。例如原始数据区域是"婚姻状况"，条件区域不能写为"婚姻情况"。

② 在条件区域中，条件为"与"的关系，应该放在同一行；条件为"或"的关系，要分成不同行显示。

③ 选中【选择不重复的记录】复选框，可以排除重复值。

5.3 按要求类别汇总数据

Excel的功能越来越完善，分类汇总似乎总是被遗忘，但是要想快速地对数据字段进行分类统计，如果不会数据透视表（关于数据透视表在第7章会做详细介绍），使用分类汇总是比较理想的选择。

分类汇总根据分类字段的数目分为单重分类汇总和多重分类汇总，下面我们分别介绍。

5.3.1 单重分类汇总

在具体操作之前，需要先了解其操作步骤，其中排序操作最重要，只有将同一项目的数据排列到一起，才能对要汇总的项目进行归类。单重分类汇总的操作思路如下图所示。

现在需要汇总不同日期下的订单金额，那么分类依据就是"下单日期"，先对"下单日期"进行排序，然后执行分类汇总命令，选定汇总项为"订单金额"，汇总方式为"求和"。具体的操作步骤如下。

配套资源
第5章\产品销量汇总表—原始文件
第5章\产品销量汇总表—最终效果

扫码看视频

Step1 打开文件"产品销量汇总表—原始文件"，按"下单日期"升序排列数据。

Step2 切换到【数据】选项卡，单击【分级显示】组中的【分类汇总】按钮。

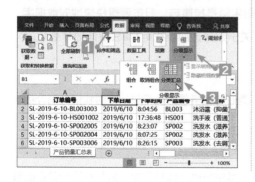

Step3 弹出【分类汇总】对话框，按下图所示进行设置，最后单击【确定】按钮。

Step4 返回工作表，可以看到数据按照下单日期对订单金额进行汇总，如下图所示。

以上是只针对一个字段的分类汇总，即不同日期下的订单金额，如果要汇总不同日期下各个产品的销量，就要使用多重分类汇总，下面我们具体介绍一下。

5.3.2　多重分类汇总

在多重分类汇总中需要用到自定义排序，即针对各个分类字段进行排序，然后对排序字段分别执行分类汇总命令，操作思路如下页图所示。

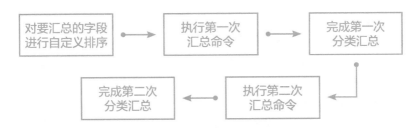

现在需要统计不同日期下各个产品的销量，那么分类依据就是"下单日期"和"产品名称"，先对"下单日期"和"产品名称"进行排序，然后执行分类汇总命令，选定汇总项为"订单数量"，汇总方式为"求和"。具体的操作步骤如下。

Step1 分别对"下单日期"和"产品名称"进行自定义排序，首先切换到【数据】选项卡，单击【排序和筛选】组中的【排序】按钮，如下图所示。

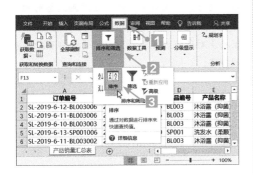

Step2 弹出【排序】对话框，设置【主要关键字】为【下单日期】，【次要关键字】为【产品名称】，【排序依据】都为【单元格值】，【次序】都为【升序】的排序方式。

Step3 设置完成后单击【确定】按钮，然后打开【分类汇总】对话框，按下图所示进行设置，最后单击【确定】按钮。

Step4 返回工作表，按照下单时间对订单数量进行汇总的效果如下图所示。

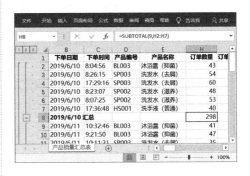

打开【分类汇总】对话框，单击【分类字段】文本框右侧的下拉按钮，在弹出的下拉列表中选择【产品名称】，同理在【汇总方式】下拉列表中选择【求和】，在【选定汇总项】组中选中【订单数量】复选框，取消选中【替换当前分类汇总】复选框，如下图所示。

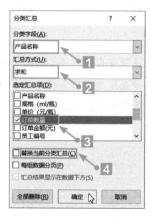

Step6 设置完成后单击【确定】按钮，返回工作表，最后汇总表中不仅汇总了不同日期的产品销量，还对不同日期下的不同产品进行产品销量汇总，效果如下图所示。

执行分类汇总命令后可以分级查看汇总结果，根据需要单击汇总表左上角的按钮【1】【2】【3】【4】即可。右上图所示为 3 级汇总结果，直接显示了每个日期下，每种产品的数据汇总，而没有显示明细数据 。

Tips!

汇总完了还能还原

小白：如果不想看汇总数据了，可以回到数据最原始的状态吗？

Mr.E：当然可以，对数据进行分类汇总后，还可以取消分类汇总，还原到汇总前的状态。只要再次执行分类汇总命令，弹出【分类汇总】对话框，单击左下角的【全部删除】按钮即可。

本章小结

本章主要介绍了以下几个简单的数据分析工具。

（1）排序。通过使用排序功能，可以让杂乱无章的数据变得井然有序，并且可以按照用户指定的规则进行排列。例如，除了可以按照常用的升序或降序规则排序之外，还可以将有特殊颜色字体的数据排在最前面，便于查看所有标记的重点数据。

（2）筛选。工作表中的数据很多，想要快速找出需要的数据是非常困难的。但是，通过使用筛选功能，用户就可以根据指定条件筛选出满足需求的数据。

（3）分类汇总。在数据分析中，不是只有汇总数据才有价值，有时明细数据更能反映出问题，所以想要同时查看明细和汇总数据，分类汇总是最合适的选择。

以下是本章的内容结构图及与前后章节的关系。

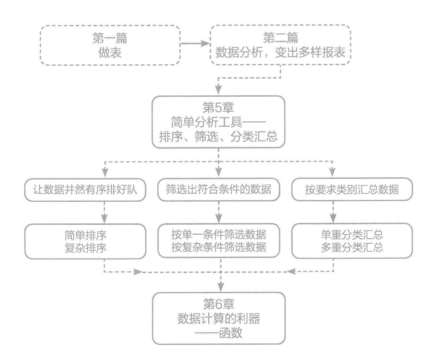

第6章
数据计算的利器——函数

在日常工作中，无论是处理简单的数据，还是做深入的分析，函数公式都是必不可少的工具。如果问学习Excel的人："你觉得学习Excel最难的是什么？"他的回答基本都会是："函数！"

其实，函数没有那么复杂、那么难学。只要掌握了函数的基本原理、语法和使用注意事项，尤其是学会理清逻辑思路，基本上都能学会。

日常工作中最常用的函数也就二三十个，本章中我们将按类别来学习。学习完本章的内容你就会发现，函数其实并不难，使用函数轻轻松松就能完成数据计算！

视频链接

关于本章知识，本书配套教学资源中有相关的教学视频，请读者参见资源中的【数据计算的利器——函数】

6.1 打好基础是关键

当看到一个公式时，也许你不理解公式的含义。不要着急，先了解函数的功能、参数的意义，再组合成公式，就能明白公式的含义了。下面我们先来学习公式与函数的基础知识。

本节的内容比较多，信息量大，想要一次全部接受比较困难，可以先浏览一遍，等到有疑惑时，再返回来仔细"咀嚼"，重新"消化"，如此循环下去，在不知不觉中就可以记牢这些知识！

6.1.1 公式和函数的区别与联系

Mr.E：很多人虽然使用了很长时间的Excel，但是对于什么是公式，什么是函数仍然分不清。小白，我们在第 2 章 2.3.3 小节中已经介绍过了公式和函数，你对它们也有了初步的认识，你知道公式和函数的区别是什么吗？

公式？函数？

小白：呃……（小白一下子蒙了）

Mr.E：从来没想过这个问题吧！没关系，相信很多人也都分不清楚，接下来我们就先回顾一下二者的定义，然后详细介绍它们之间的区别与联系。

1. 什么是公式

公式是一个等式，一般是为解决某一问题而列出的计算式，以"="开头，使用运算符将数据和函数等元素按一定的顺序连接在一起，从而得到返回值。在 Excel 中，凡是在单元格中先输入等号"="，再输入其他数据的，都会被自动判定为公式。

例如，下图中 C1 单元格中的"=A1+B1"就是一个公式，返回值是 333。

C1			×	✓	fx	=A1+B1	
▲	A	B	C	D	E		
1	111	222	333				
2							

2. 什么是函数

函数是 Excel 内部预定义的功能，按照特定的规则进行计算，用户按照功能输入对应的参数，即可得到返回值。

例如，下图中 C1 单元格中的"=SUM(A1:B1)"就使用了 SUM 函数，返回值是 333。

C1			×	✓	fx	=SUM(A1:B1)	
▲	A	B	C	D	E		
1	111	222	333				
2							

3. 二者的区别与联系

■ **函数有唯一的函数名称，而公式没有。**

例如，上图中 C1 单元格中的 SUM 就是一个函数，它的函数名称是 SUM。每个函数都有特定的功能和用途，SUM 函数就是用来求和的。Excel 提供了多种函数，不同的函数会严格按照特定规则来计算，而公式并没有特定的规则。

■ 函数可以是公式的一部分，但公式不一定总需要包含函数。公式的范畴是更大的，公式包含函数。

例如，下图中 C1 单元格中的"=SUM(A1:B1)+10"就是一个公式，在这个公式中包含了 SUM 函数。

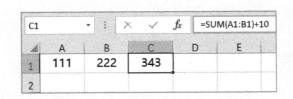

以上就是公式和函数的区别与联系，相信学完会让你对其有一个新的认识。接下来讲解公式中的运算符和引用方式。

6.1.2 公式中的运算符

运算符是 Excel 公式中连接各操作对象的纽带，常用的运算符有算术运算符、文本运算符和比较运算符。

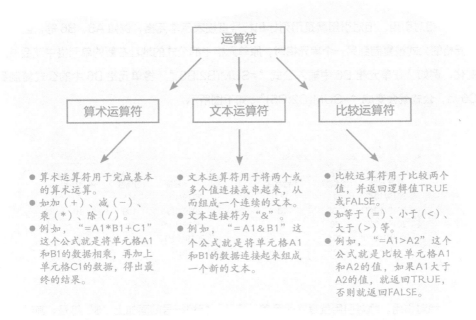

Tips!

有人可能会有疑问，为什么公式"=B1=B2"中会出现两个等号"="呢？

前面说过，所有的公式都是以等号"="开头的，所以公式的第一个等号是公式的等号，而第二个等号是比较运算符，用于比较B1和B2的大小。

6.1.3 单元格的引用方式

单元格引用包括相对引用、绝对引用和混合引用。

```
                    单元格引用
                        │
        ┌───────────────┼───────────────┐
        ▼               ▼               ▼
     相对引用         绝对引用         混合引用
        │               │               │
        ▼               ▼               ▼
   ● 如A1、B5     ● 如$A$1、$B$5   ● 如$A1、B$5
```

① 相对引用。相对引用就是用列标和行号直接表示单元格，例如 A5、B6 等。当某个单元格的公式被复制到另一个单元格时，原单元格中的公式的地址在新的单元格中就会发生变化。例如，在单元格 B6 中输入公式"=SUM(B2:B5)"，将单元格 B6 中的公式复制到C6 后，公式就会变成"=SUM(C2:C5)"，如下图所示。

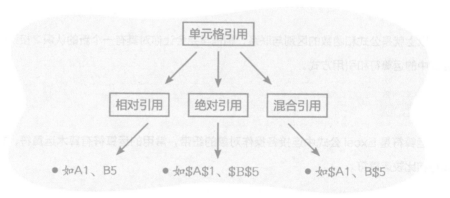

② 绝对引用。绝对引用就是在表示单元格的列标和行号前面加上"$"符号。其特点是

在将单元格中的公式复制到新的单元格时，公式中引用的单元格地址始终保持不变，故称为绝对引用。例如，在单元格 B6 中输入公式"=SUM($B$2:$B$5)"，将单元格 B6 中的公式复制到 C6 后，公式依然是"=SUM($B$2:$B$5)"，如下图所示。

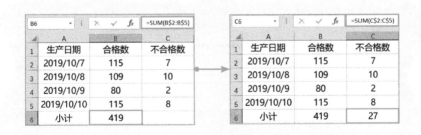

③ 混合引用。混合引用就是引用中既有绝对引用，也有相对引用，例如 $A1、$B1、A$1、B$1 等。在公式中如果采用混合引用，当公式所在的单元格位置改变时，绝对引用不变，相对引用将对应改变位置。例如，在单元格 B6 中输入公式"=SUM(B$2:B$5)"，那么将单元格 B6 中的公式复制到 C6 时，公式就会变成"=SUM(C$2:C$5)"，如下图所示。

 【F4】键的妙用

　　【F4】键是引用方式之间转换的快捷键。连续按【F4】键，引用方式就会按相对引用→绝对引用→绝对行/相对列→绝对列/相对行→相对引用……这样的顺序循环。

　　在利用公式计算时，如果要复制公式，一定要注意单元格的引用位置是否随着公式的移动发生变化，也就是要注意引用方式的变化。合理使用引用方式，可以在复制公式时事半功倍。

6.1.4 快速、准确地输入函数

在学习 Excel 的初级阶段，经常会因为输错公式而苦恼，有时是因为记不住函数名，有时是参数搞错。如何快速、准确地输入函数呢？下面介绍两种方法。

方法一：【插入函数】对话框

打开【函数参数】对话框，在对话框中按提示操作即可。如下图所示，切换到【公式】选项卡，单击【函数库】组中的【插入函数】按钮，弹出【插入函数】对话框，在【或选择类别】中选择【查找与引用】，在【选择函数】列表框中选择【VLOOKUP】函数，单击【确定】按钮，弹出【函数参数】对话框，设置好各个参数，单击【确定】按钮即可。

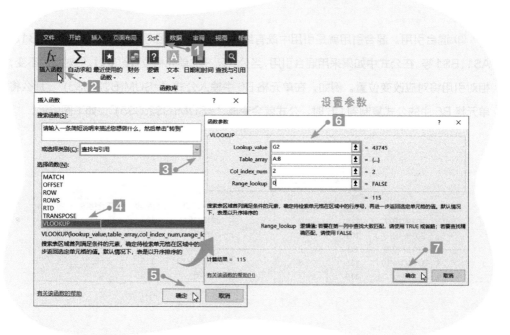

第一种方法适用于 Excel 的初学者，在对函数不够熟悉的情况下，用以上方法能够避免出错。当对函数足够熟悉之后，就得学会第二种方法。

方法二：公式记忆式键入

Excel 的"记忆力"特别好，只要你在单元格中输入等号"="和一两个字母，就会出现与这些字母有关的函数。例如，在单元格中输入"=V"（函数不区分大小写），就会弹出一个下拉列表，出现以"V"开头的所有函数，只要在函数"VLOOKUP"上双击即可。

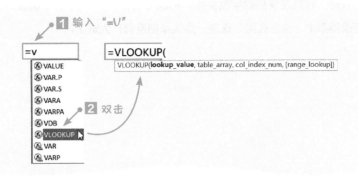

职场
经验

打开"公式记忆式键入"的方法

如果用户在工作表中输入等号和几个字母后没有任何提示，不要怀疑，不是你的Excel出问题了，而是你的工作表被人"动了手脚"，在【Excel选项】中就可以解决这个问题。

单击【文件】选项卡下的【选项】按钮，弹出【Excel选项】对话框，选择【公式】选项卡，在右侧选中【公式记忆式键入】复选框，然后单击【确定】按钮，如下图所示。

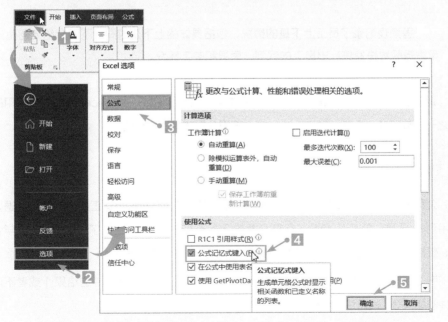

设置完成后Excel就可以提供输入提示了，特别方便。尤其是在使用嵌套函数时，可以清晰地看出函数之间的逻辑关系，轻松编写公式。

小白：大神，我真是看到数学就头疼，何况 Excel 中有 400 多个函数，工作中遇到问题都不知道该用哪个、该怎么用，真是一点头绪都没有！太难了！

Mr.E：别着急，函数虽多，但我们经常用的也就二三十个，只要掌握好这些，足以应对工作中的问题了。任何一张数据表都有其逻辑性，公式也是一样，使用哪些函数，怎么用公式，都是逻辑思考的结果。接下来就结合实际案例，详细讲解几类常用函数的用法。

6.2 逻辑函数在考勤表中的应用

考勤表记录了员工上下班的情况，包括具体的上下班时间。下面介绍如何使用逻辑函数快速统计出员工的迟到、早退和旷工情况。

逻辑函数是一种用于进行真假值判断或复合检验的函数，是 Excel 函数中最常用的函数之一，包括 IF、OR、AND、IFS 等，下面分别对其进行介绍。

6.2.1 使用 IF 函数统计是否迟到

公司规定的上班时间为 8:00，下班时间为 17:00，判断每个员工是否迟到或早退，需要用到 IF 函数。关于 IF 函数，在第 2 章的 2.3.3 小节中已经介绍过了，但是对于初学者来说，仅接触一次，印象可能已经很模糊了，下面再系统地复习一下。

IF 函数的基本用法是，根据指定的条件进行判断，得到满足条件的结果 1 或者不满足条件的结果 2。其语法结构如下。

IF(判断条件 , 满足条件的结果 1, 不满足条件的结果 2)

IF 函数的逻辑关系图如下。

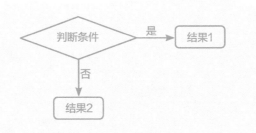

例如，判断条件为"A1>=60"，如果条件成立则显示结果 1"及格"，条件不成立则显示结果 2"不及格"。【函数参数】对话框的设置如下图所示。

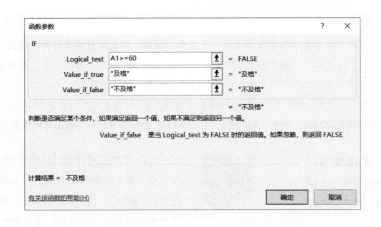

在本案例中，要求判断是否迟到或早退，公司规定的上班时间为 8:00，下班时间为 17:00，因此上班时间超过 8 点即为迟到，下班时间早于 17:00 即为早退。

下图所示为本例中所使用的原始数据。

	A	B	C	D	E	F	G	H	I
1	编号	姓名	部门	日期	上班时间	下班时间	迟到	早退	旷工
2	SL0001	钱芸	人力资源部	2019/4/1	7:37:11	10:42:32			
3	SL0001	钱芸	人力资源部	2019/4/2	8:00:03	18:07:06			
4	SL0001	钱芸	人力资源部	2019/4/3	8:06:22	17:02:40			
5	SL0001	钱芸	人力资源部	2019/4/4	7:51:54	17:00:29			
6	SL0001	钱芸	人力资源部	2019/4/8	7:52:17	17:01:29			
7	SL0001	钱芸	人力资源部	2019/4/9	7:59:28	17:01:17			
8	SL0001	钱芸	人力资源部	2019/4/10	7:59:35	17:01:20			
9	SL0001	钱芸	人力资源部	2019/4/11	7:51:54	17:08:46			
10	SL0001	钱芸	人力资源部	2019/4/12	7:49:39	17:03:29			

逻辑关系图如下。

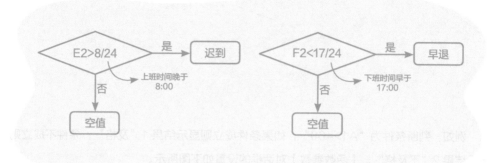

Tips!

在公式中如果需要输入一个具体的时间，不能按照时间的格式输入，例如
"8:01:02"，因为在公式中，冒号是引用符号，而不是时间符号。因此在公式
中输入具体时间时，需要先将其转换为数值。如何转换呢？

在Excel中，日期和时间的基本单位是天，1代表1天，1天是24小时，1小时
就是1/24天，例如，8:00就是8/24，8:01就是(8+1/60)/24，因此时间就是小数。

配套资源
第6章 \ 考勤表—原始文件
第6章 \ 考勤表—最终效果

扫码看视频

Step1 打开本实例的文件"考勤表—原始
文件"，选中单元格 G2，切换到【公式】选
项卡，在【函数库】组中单击【逻辑】按钮
［?］逻辑▾，在弹出的下拉列表中选择【IF】函
数选项。

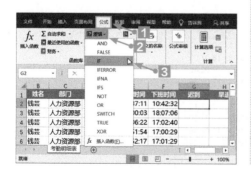

Step2 弹出 IF 函数的【函数参数】对话框，
接下来在第1个参数文本框中输入判断条件，
即"E2>8/24"，在第2个参数文本框中输入
满足条件的结果1"迟到"（无须输入引号，
Excel 会自动为输入的文本添加引号），在第
3个参数文本框中输入不满足条件的结果2
空值""，如下图所示。

Step3 设置完成后，单击【确定】按钮，
返回工作表。

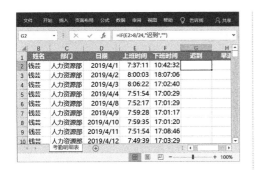

Step4 将鼠标指针移动到单元格 G2 的右下角，当鼠标指针变成十字形状时，双击鼠标左键，即可将公式带格式地填充到下方的单元格区域。

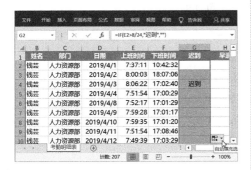

Step5 可以看到在填充区域的下方出现一个【自动填充选项】按钮，如果单元格格式不同，只需填充公式，则单击此按钮，在

弹出的下拉列表中选中【不带格式填充】单选钮，即可将公式不带格式地填充到下方的单元格区域。

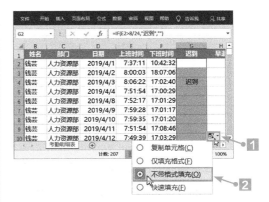

Step6 用户可以按照相同的方法，判断员工是否早退，公式如下图所示。

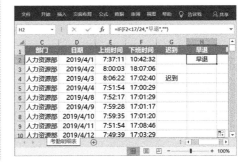

6.2.2 使用 OR 函数统计是否旷工

公司规定，上班迟到半小时以上或下班早退半小时以上，都为旷工。也就是说只要满足两个条件中的一个，就按旷工处理，这种情况下只使用 IF 函数是无法判断的，还需要使用 OR 函数来辅助。

OR 函数的基本用法是，对公式中的条件进行连接，且这些条件中只要有一个满足条件，其结果就为真。其语法结构如下。

OR(条件 1, 条件 2,…)

OR 函数的特点是，在众多条件中，只要有一个为真，其逻辑值就为真；只有全部为假，其逻辑值才为假。

当 OR 函数有两个条件时，其参数与结果的组合情况如下表所示。

条件1	条件2	逻辑值
真	真	真
真	假	真
假	真	真
假	假	假

在本案例中，上班时间晚于 8:30，下班时间早于 16:30 都为判断条件，判断结果满足一个或两个条件的为"旷工"，不满足条件的为空值。逻辑关系图如下。

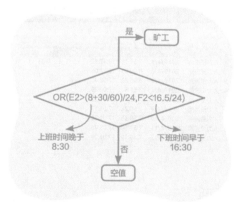

具体操作步骤如下。

配套资源

第 6 章 \ 考勤表 01—原始文件

第 6 章 \ 考勤表 01—最终效果

扫码看视频

Step1 打开原始文件"考勤表 01—原始文件"，选中单元格 I2，切换到【公式】选项卡，在【函数库】组中单击【逻辑】按钮，在弹出的下拉列表中选择【IF】函数选项。

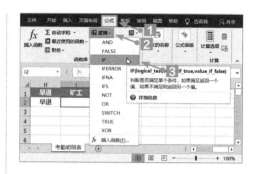

Step2 弹出【函数参数】对话框，首先把简单的参数设置好，在第 2 个参数文本框中输入满足条件的结果 1"旷工"，在第 3 个参数文本框中输入不满足条件的结果 2 空值""，如下图所示。

Step3 将光标移动到第 1 个参数文本框中，单击工作表中名称框右侧的下拉按钮，在弹出的下拉列表中选择【其他函数】选项（如果下拉列表中有 OR 函数，也可以直接选择）。

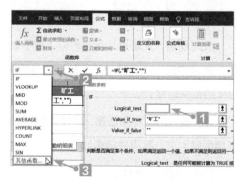

Step4 弹出【插入函数】对话框，在【或选择类别】下拉列表中选择【逻辑】选项，在【选择函数】列表框中选择【OR】函数。

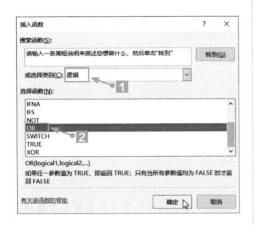

Step5 单击【确定】按钮，弹出OR函数的【函数参数】对话框，依次在两个参数文本框中输入"E2>(8+30/60)/24"和"F2<16.5/24"。

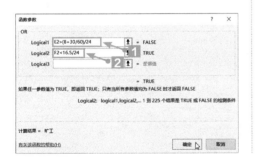

Step6 单击【确定】按钮返回工作表，效果如下图所示。

Step7 按照前面介绍的方法，将单元格I2中的公式不带格式地填充到下面的单元格区域中，效果如下图所示。

通过使用IF函数和OR函数即可轻松完成对员工出勤情况的判断，接下来学习如何使用IF和AND函数的嵌套。

6.2.3 使用 AND 函数统计是否正常出勤

所谓正常出勤，就是既不迟到也不早退，也就是说要同时满足两个条件。这种情况下只使用IF函数是无法判断的，还需要使用AND函数来辅助。

AND函数是用来判断多个条件是否同时成立的逻辑函数，其语法结构如下。

AND(条件1,条件2,…)

AND函数的特点是，在众多条件中，只有全部为真时，其逻辑值才为真；只要有一个为假，其逻辑值则为假。

当 AND 函数有两个条件时，其参数与结果的组合情况如下表所示。

条件1	条件2	逻辑值
真	真	真
真	假	假
假	真	假
假	假	假

在本案例中，上班时间等于或早于 8:00，下班时间等于或晚于 17:00 都为判断条件，判断结果满足两个条件，结果为"是"；不满足条件，结果为"否"。逻辑关系图如下。

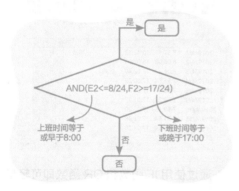

配套资源

第6章\考勤表02—原始文件

第6章\考勤表02—最终效果

扫码看视频

Step1 打开文件"考勤表02—原始文件"，选中单元格J2，切换到【公式】选项卡，在【函数库】组中单击【逻辑】按钮 逻辑，在弹出的下拉列表中选择【IF】函数选项。

Step2 弹出【函数参数】对话框，首先把简单的参数设置好，在第2个参数文本框中输入满足条件的结果1"是"，在第3个参数文本框中输入不满足条件的结果2"否"，如下图所示。

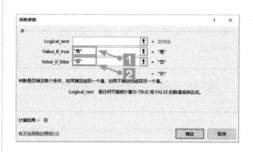

Step3 将光标移到第1个参数文本框中，单击工作表中名称框右侧的下拉按钮，在弹出的下拉列表中选择【其他函数】选项（如果下拉列表中有 AND 函数，也可以直接选择 AND 函数）。

Step4 弹出【插入函数】对话框，在【或选择类别】下拉列表中选择【逻辑】选项，在【选择函数】列表框中选择【AND】函数。

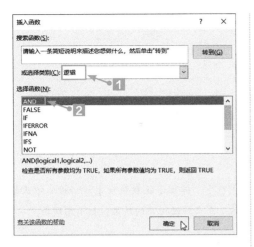

Step5 单击【确定】按钮，弹出AND函数的【函数参数】对话框，依次在两个参数文本框中输入"E2<=8/24"和"F2>=17/24"。

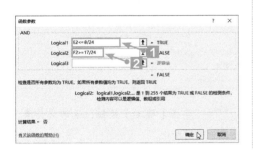

Step6 单击【确定】按钮返回工作表，公式的结果如下图所示。

Step7 按照前面介绍的方法，将单元格J2中的公式不带格式地填充到下面的单元格区域中。

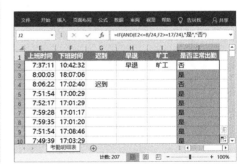

6.2.4 使用 IFS 函数统计出勤情况

在判断员工月度出勤情况时，非正常出勤的次数就是一个重要的衡量标准。本案例中规定，非正常出勤次数 ≤ 3 为"好"，≤ 5 为"一般"，>5 为"差"。这种情况下可以使用 IF 函数的嵌套（使用两个 IF 函数），也可以使用 IFS 函数。

IF 函数嵌套的逻辑关系比较复杂，不如 IFS 函数一次就可以做出结果，因此我们推荐使用 IFS 函数。下面介绍 IFS 函数的用法。

IFS 函数用于检查是否满足一个或多个条件，并返回与第一个 TRUE 条件对应的值。其语法结构如下。

IFS(条件 1, 结果 1, 条件 2, 结果 2, …)

当 IFS 函数有两个条件时，其参数与结果的组合情况如下表所示。

条件1	条件2	结果
真	真	结果1
真	假	结果1
假	真	结果2

在本案例中，非正常出勤次数 ≤ 3、≤ 5、>5 都为判断条件，与第 1 个判断条件相对应的结果为"好"，与第 2 个判断条件相对应的结果为"一般"，与第 3 个判断条件相对应的结果为"差"。逻辑关系图如下所示。

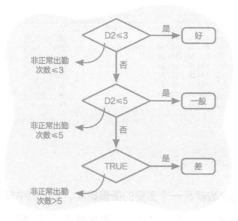

具体操作步骤如下。

配套资源
第 6 章 \ 考勤表 03—原始文件
第 6 章 \ 考勤表 03—最终效果

Step1 打开文件"考勤表 03—原始文件"，选中单元格 E2，切换到【公式】选项卡，在【函数库】组中单击【逻辑】按钮 ，在弹出的下拉列表中选择【IFS】函数选项。

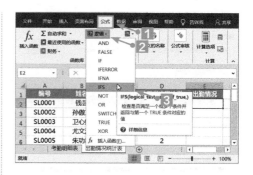

Step2 弹出【函数参数】对话框，依次输入 3 个条件及对应的结果，如下图所示。

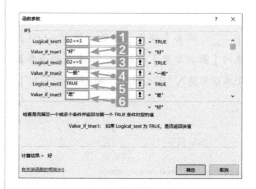

Step3 单击【确定】按钮，返回工作表，结果如下图所示。

Step4 按照前面介绍的方法，将单元格 E2 中的公式不带格式地填充到下面的单元格区域中。这样所有员工的出勤情况就统计好了。

在以上案例中，我们之所以使用 IFS 函数来统计出勤情况，是因为它比 IF 函数的嵌套使用更简单清晰。

另外一个原因就是 IFS 函数最多可以使用 127 个条件嵌套，而 IF 函数最多只能嵌套 7 层。对于多个条件限定的判断，还是建议使用 IFS 函数。

6.3 文本函数在订单表中的应用

订单表中包含了订单信息、产品信息、业务员信息和客户信息等内容，其中很多字段都是文本型数据。文本型数据可以使用文本函数来处理，下面介绍使用文本函数对字符串的处理过程。

常用的文本函数有从字符串中截取部分字符的 LEFT、RIGHT、MID 函数，查找指定字符在字符串中位置的 FIND 函数，计算文本长度的 LEN 函数，将数字转换为指定格式文本的 TEXT 函数等，下面分别对其进行介绍。

6.3.1 使用 LEFT 函数截取产品类别

LEFT 函数是一个在字符串从左到右截取字符的函数，其语法结构如下。

LEFT(字符串 , 截取的字符个数)

例如，公式"=LEFT(" 神龙工作室 ",2)"的结果为"神龙"。

在对产品销量进行数据分析时，经常会按照产品类别来分析，因此需要统计出每种产品所属的类别。在本案例的订单表中包含了"产品名称"字段，产品名称是由"产品类别 + 产品功能"的命名方式来命名的，因此可以直接使用 LEFT 函数从中提取。

首先分析一下 LEFT 函数的各个参数，"字符串"就是"产品名称"，产品类别就是产品名称中的前 3 个字符，因此"截取的字符个数"就是"3"。具体操作步骤如下。

Step1 打开文件"订单表—原始文件"，在"产品名称"右侧插入新的一列，输入标题"产品类别"。

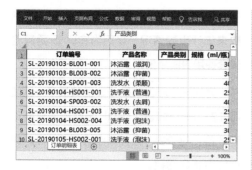

Step2 选中单元格 C2，切换到【公式】选项卡，在【函数库】组中单击【文本】按钮 文本▾，在弹出的下拉列表中选择【LEFT】函数选项。

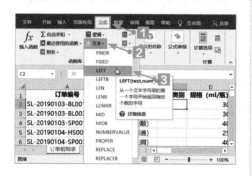

Step3 弹出【函数参数】对话框，在字符串文本框中输入"B2"，在截取的字符个数文本框中输入"3"，如下图所示。

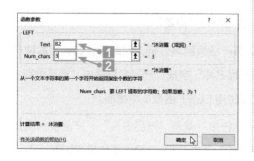

Step4 单击【确定】按钮，返回工作表，即可看到产品类别已从产品名称中提取出来了，如下图所示。

Step5 按照前面介绍的方法，将单元格 C2 中的公式不带格式地填充到下面的单元格区域中。

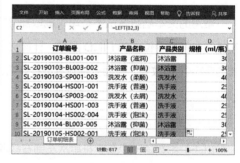

　　了解了 LEFT 函数的用法，有没有想到第 3 章中介绍的数据分列的内容呢？

　　在讲解数据分列的操作时，我们提过在第 6 章中会介绍函数分列法，LEFT 函数就适用于数据分列，分列位置左侧的字符数是一定的，通常就可以使用 LEFT 函数进行分列操作。

6.3.2 使用 RIGHT 函数截取客户渠道

　　RIGHT 函数是一个在字符串从右到左截取字符的函数，其语法结构如下。

RIGHT(字符串 , 截取的字符个数)

RIGHT 函数的用法与 LEFT 函数大同小异，只是字符的截取方向不同。

例如，公式"=RIGHT(" 神龙工作室 ",3)"的结果为"工作室"。

在进行数据处理与分析时，按渠道对产品进行分类也是很重要的一种途径，在本案例中需要统计出每种产品所属的渠道。其中"客户名称"字段的命名方式中就包含了渠道，因此可以使用 RIGHT 函数从右侧截取。首先分析 RIGHT 函数的各个参数，"字符串"就是"客户名称"，渠道就是客户名称中的最后两个字符，因此"截取的字符个数"就是"2"。具体操作步骤如下。

配套资源
第 6 章 \ 订单表 01—原始文件
第 6 章 \ 订单表 01—最终效果

Step1 打开文件"订单表 01—原始文件"，在"客户名称"右侧插入新的一列，输入标题"渠道"，如下图所示。

Step2 选中单元格 K2，切换到【公式】选项卡，在【函数库】组中单击【文本】按钮，在弹出的下拉列表中选择【RIGHT】函数选项。

Step3 弹出【函数参数】对话框，在字符串文本框中输入"J2"，在截取的字符个数文本框中输入"2"，如下图所示。

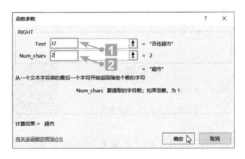

Step4 单击【确定】按钮，返回工作表，即可看到渠道已从客户名称中提取出来了。将单元格 K2 中的公式不带格式地填充到下面的单元格区域，如下图所示。

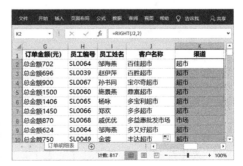

RIGHT 函数也适用于数据分列，通常用在分列位置右侧的字符数一定的情况下。

6.3.3 使用 MID 函数截取客户所在市

MID 函数的主要功能是从一个文本字符串的指定位置开始，截取指定数目的字符。其语法结构如下。

MID(字符串 , 截取字符的起始位置 , 截取的字符个数)

例如，公式 "=MID(" 神龙工作室 ",3,3)" 的结果为 "工作室"。

在第 2 章中我们就介绍了使用 MID 函数从身份证号中提取了出生日期和性别，下面我们举一个例子复习一下，学习完会对 MID 函数的理解更深刻。

在数据分析中结构分析是至关重要的，如果用户要分析产品在各个市的销售情况，就需要先从订单表的 "客户地址" 列中将所在市提取出来。在本案例中，每个地址前面都是某某省、直辖市，字符个数都是 3，某某市是随后的 3 个字符，因此要提取出客户所在的市，需要从客户地址的第 4 个字符开始，提取 3 个字符。针对这种情况，可以使用 MID 函数。具体操作步骤如下。

Step1 打开文件 "订单表 02—原始文件"，在 "客户地址" 右侧插入新的一列，输入标题 "所属市"，如下图所示。

Step2 选中单元格 M2，切换到【公式】选项卡，在【函数库】组中单击【文本】按钮 文本，在弹出的下拉列表中选择【MID】函数选项。

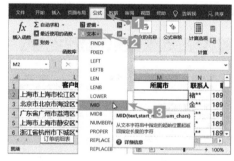

Step3 弹出【函数参数】对话框，在字符串文本框中输入 "L2"，要截取字符的起始位置文本框中输入 "4"，在截取的字符个数文本框中输入 "3"，如下图所示。

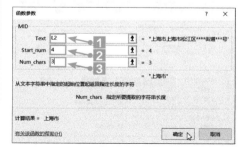

Step4 单击【确定】按钮，返回工作表，即可看到所属市已从客户地址中提取出来了。

Step5 将单元格 M2 中的公式不带格式地填充到下面的单元格区域，如下图所示。

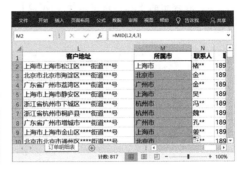

6.3.4 使用 FIND 函数查找字符位置

FIND 函数用于从一个字符串中，查找指定字符的位置。其语法结构如下。

FIND(指定字符 , 字符串 , 开始查找的起始位置)

例如，公式"=FIND(" 龙 "," 神龙工作室 ")"的结果为"2"。

其中第 3 个参数忽略，表示从字符串的第一个字符开始查找。由于 FIND 函数查找的是字符的位置，其最终返回的结果就是一个数字，一般情况下需要与其他函数嵌套使用。

在订单表中，由于"订单金额（元）"列中的内容不仅有具体的数值还有文本，属性混乱，不利于计算，属于不规范表格。用户应该从该列中将具体数值提取出来。因为金额就是"额"后面的几个字符，所以我们只需要使用 MID 和 FIND 两个函数嵌套就可以了。

MID 作为主函数，G2 是其第 1 个参数字符串，FIND 函数找到的"额"的位置加 1 就是 MID 函数中截取字符的起始位置，最后 1 个参数是要截取的字符个数，由于金额数值不同，字符个数为 3~4 不等且后面没有其他字符，那么这里应该选取需要截取的最多的字符数 4 为第 3 个参数。具体操作步骤如下。

配套资源
第 6 章 \ 订单表 03—原始文件
第 6 章 \ 订单表 03—最终效果

扫码看视频

Step1 打开文件"订单表 03—原始文件"，在"订单金额（元）"列的右侧插入新的一列，输入标题"总金额（元）"。

Step2 选中单元格 H2，切换到【公式】选项卡，在【函数库】组中单击【文本】按钮 **A 文本·**，在弹出的下拉列表中选择【MID】函数选项。

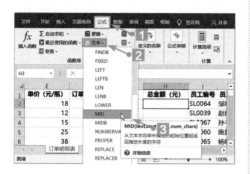

Step3 弹出【函数参数】对话框，在字符串文本框中输入"G2"，在截取的字符个数文本框中输入"4"，在截取字符的起始位置文本框中输入"+1"。

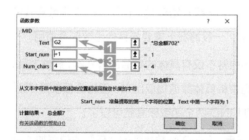

Step4 将光标定位到"+1"的前面，单击工作表中名称框右侧的下拉按钮，在弹出的下拉列表中选择【其他函数】选项。

Step5 弹出【插入函数】对话框，在【或选择类别】下拉列表中选择【文本】选项，在【选择函数】列表框中选择【FIND】函数。

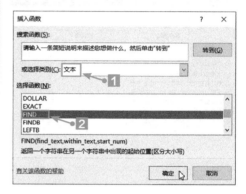

Step6 单击【确定】按钮，弹出 FIND 函数的【函数参数】对话框，在指定字符文本框中输入"额"，在字符串文本框中输入"G2"。

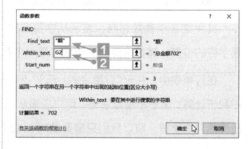

Step7 单击【确定】按钮，返回工作表，即可看到计算结果。按照前面的方法，将单元格 H2 中的公式不带格式地填充到下面的单元格区域中。

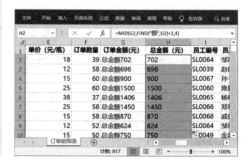

6.3.5　使用 LEN 函数计算文本长度

LEN 函数是一个计算文本长度的函数。其语法结构如下。

LEN(参数)

例如，公式 "=LEN(" 神龙工作室 ")" 的结果为 "5"。

LEN 函数只能有一个参数，这个参数可以是单元格引用、定义的名称、常量或公式等。由于它计算的是字符的长度，因此在实际工作中，我们通常将 LEN 函数与数据验证或其他函数结合使用。在第 2 章介绍过如何使用数据验证限制手机号码的长度，接下来我们讲解如何将 LEN 函数与数据验证相结合。具体操作步骤如下。

配套资源	
第 6 章 \ 订单表 04—原始文件	
第 6 章 \ 订单表 04—最终效果	

扫码看视频

Step1 打开文件 "订单表 04—原始文件"，选中单元格区域 P2:P818，切换到【数据】选项卡，单击【数据工具】组中的【数据验证】按钮。

Step2 弹出【数据验证】对话框，切换到【设置】选项卡，在【允许】下拉列表中选择【自定义】选项，在【公式】列表框中输入公式 "=LEN(P2)=11"。

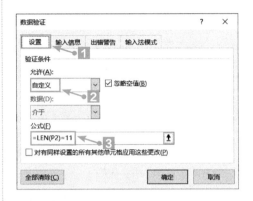

Step3 切换到【出错警告】选项卡，在【错误信息】文本框中输入 "请检查手机号码是否为 11 位！"。

Step4 设置完毕，单击【确定】按钮，返回工作表，当单元格区域 P2:P818 中输入的手机号码位数不是 11 位时，就会弹出提示框。

Step5 单击【重试】按钮即可重新输入手机号码。

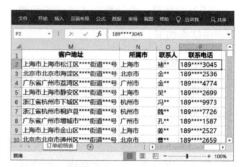

6.3.6 使用 TEXT 函数指定文本格式

TEXT 函数主要用来将数字转换为指定格式的文本。其语法结构如下。

TEXT(数字 , 格式代码)

例如，公式"=TEXT(20200101,"0000-00-00")"的结果为"2020-01-01"。

在本案例的订单表中，"订单编号"中包含了订单日期，可以使用 MID 函数提取出来，但是提取出的日期显示格式为"00000000"，这样的显示格式不一定符合用户的要求，如果要按照我们的要求来显示，就需要使用 TEXT 函数了，例如显示为"0000-00-00"格式。因此，只要将 MID 函数和 TEXT 函数嵌套使用，就可以一步到位，直接从"订单编号"中提取出指定格式的"订单日期"了。具体操作步骤如下。

配套资源
第6章\订单表05—原始文件
第6章\订单表05—最终效果

Step1 打开文件"订单表05—原始文件"，在 A 列右侧插入一列，输入标题"订单日期"。

Step2 选中单元格 B2，切换到【公式】选项卡，在【函数库】组中单击【文本】按钮 A 文本，在弹出的下拉列表中选择【TEXT】函数选项。

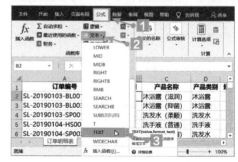

Step3 弹出【函数参数】对话框，在格式代码文本框中输入""0000-00-00""，然后将光标定位到数字文本框中。

Step4 单击工作表名称框右侧的下拉按钮，在弹出的下拉列表中选择【MID】函数。（因为之前使用过MID函数，所以在下拉列表中可以直接显示。如果下拉列表中没有，可以选择【其他函数】选项查找。）

Step5 弹出【函数参数】对话框，在字符串文本框中输入"A2"，在截取字符的起始位置文本框中输入"4"，在截取的字符个数文本框中输入"8"。

Step6 单击【确定】按钮，返回工作表，即可看到订单日期已经从订单编号中提取出来，且按指定格式显示。将B2中的公式不带格式填充到下方单元格中。

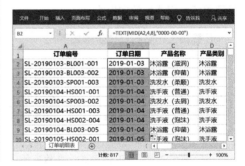

6.4 日期函数在合同表中的应用

日常工作中是一个非常重要的数据，经常需要对其进行计算。例如，要计算员工的司龄、合同到期日等时，就需要使用日期函数进行计算。

6.4.1 使用TODAY函数获取当前日期

TODAY函数的功能为返回日期格式的当前日期，注意此函数没有参数。其语法结构如下。

TODAY()

公式	结果
=TODAY()	今天的日期
=TODAY()+10	从今天开始，10天后的日期
=TODAY()-10	从今天开始，10天前的日期

在员工合同表中，司龄等于当前日期减去入职日期，由于得到的是天数，如果需要得到年数，需要再除以 365。并且要注意，两个日期相加减，默认得到的都是日期格式的数字，如果需要得到常规数字，还需要设置单元格格式为数字格式。

计算员工司龄的具体步骤如下。

配套资源
第 6 章 \ 员工合同表—原始文件
第 6 章 \ 员工合同表—最终效果

扫码看视频

Step1 打开文件"员工合同表—原始文件"，在 G2 中输入公式"=(TODAY()-F2)/365"，按【Enter】键，如下图所示。

Step2 可以看到，单元格 G2 中显示为"1900/1/4"，选中 G2 单元格，按【Ctrl】+【1】组合键。

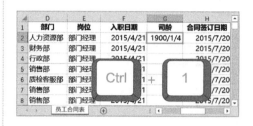

Step3 打开【设置单元格格式】对话框，按下图所示进行设置。

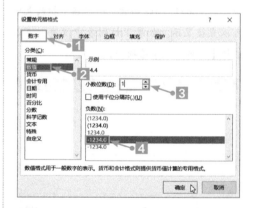

Step4 单击【确定】按钮，返回工作表即可正确显示司龄。将 G2 单元格的公式不带格式填充到下方单元格中，如下图所示。

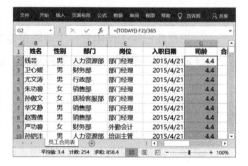

6.4.2 使用 EDATE 函数统计合同到期日

EDATE 函数用来计算指定日期之前或之后几个月的日期。其语法结构如下。

EDATE(指定日期，以月数表示的期限)

例如，公式"=EDATE("2019/1/26",2)"的结果为"2019/3/26"。

在员工合同表中给出了"合同签订日期"和"合同期限（年）"，使用 EDATE 函数计算合同到期日期，"指定日期"为"合同签订日期"，由于"合同期限（年）"以年为单位，因此"以月数表示的期限"为"合同期限乘以 12"。具体操作步骤如下。

配套资源
第 6 章 \ 员工合同表 01—原始文件
第 6 章 \ 员工合同表 01—最终效果

扫码看视频

Step1 打开文件"员工合同表 01—原始文件"，选中单元格 J2，切换到【公式】选项卡，在【函数库】组中单击【日期和时间】按钮 日期和时间 ，在弹出的下拉列表中选择【EDATE】函数选项。

Step2 弹出【函数参数】对话框，在指定日期文本框中输入"H2"，在以月数表示的期限文本框中输入"I2*12"。

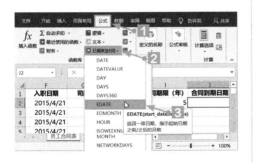

Step3 单击【确定】按钮，返回工作表，如下图所示。

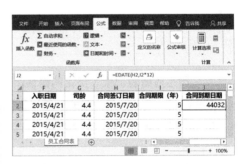

Step4 可以看到 J2 单元格显示为数字格式，需要将其设置为日期格式。选中 J2 单元格，切换到【开始】选项卡，在数字组中单击右下角的对话框启动器按钮 。

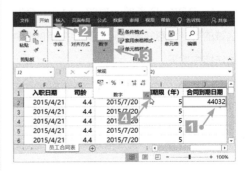

Step5 打开【设置单元格格式】对话框，按下页图所示进行设置。

Step6 单击【确定】按钮，返回工作表即可正确显示合同到期日期。将 J2 的公式不带格式填充到下方单元格中，如下图所示。

6.5 查找与引用函数在业绩表中的应用

员工业绩表记录了员工的销售额、累计销售额及奖金提成等情况，各个数据之间都有一定的联系，如果手动一个个查找计算，工作量会非常大，但是使用查找与匹配函数就可以轻松完成各种工作。

常用的查找与引用函数有 VLOOKUP、HLOOKUP、MATCH、LOOKUP 等，下面我们分别介绍。

6.5.1 使用 VLOOKUP 函数纵向查找销售额

VLOOKUP 函数的功能是根据一个指定的条件，在指定的数据列表或区域内，从数据区域的第一列查找哪个记录满足指定的条件，然后从右面的某列取出该记录对应的数据。其语法结构如下。

VLOOKUP(查找条件, 查找列表或区域, 取数的列号, 匹配模式)

该函数的 4 个参数说明如下。

■ 查找条件：就是指定需要进行匹配的条件。

■ 查找列表或区域：是一个至少包含一行数据的列表或单元格区域，并且该区域的第一列必须含有要匹配的条件，也就是说，要把包含需要查找的信息的列选为区域的第 1 列。

■ 取数的列号：是指从区域的第几列取数，这个列数是从匹配条件那列开始向右计算的。

■ 匹配模式 ：是指做精确定位查找还是模糊定位查找。当参数值为 TRUE、1 或者值被省略时为模糊定位查找，也就是说当匹配条件不存在时，匹配最接近条件的数据；当为 FALSE 或者 0 时为精确定位查找，也就是说条件值必须存在，而且完全匹配。

在"员工业绩管理表"中登记了员工各个月的销售业绩及累计业绩（如左下图所示），而在制作"6 月员工业绩奖金表"时，只需要用到 6 月的业绩（如右下图所示），因此只要从"员工业绩管理表"中将员工 6 月的业绩匹配过来即可。如果员工人数过多，且两张表格的顺序不一致，直接复制整列容易出错，一个个查找工作量又太大。此时，可以借助 VLOOKUP 函数，直接匹配员工编号对应的 6 月业绩，这样既节省工作量，又能保证准确。

员工赵伊萍 6 月销售业绩的公式为"=VLOOKUP(A2,员工业绩管理表 !A:H,8,0)"。

员工编号	员工姓名	1月	2月	3月	4月	5月	6月	累计业绩
SL0039	赵伊萍	11593	12927	16782	21403	19481	11916	94102
SL0049	金睿	14131	14195	17054	29106	21036	18538	114060
SL0053	吕苹	7243	14603	12492	11043	14189	19992	79562
SL0059	王静欣	8911	9007	10966	7433	14817	11785	62919
SL0060	施景易	13082	12518	15278	20033	24342	19803	105056
SL0064	邹海燕	14134	11456	20011	21526	22304	17097	106528
SL0065	杨咏	13596	9826	15920	13549	23058	17102	93051
SL0066	郑欢	10254	9824	14562	13691	14314	10137	72782
SL0067	孙书同	8513	6946	11184	14444	11112	7877	60076
SL0068	戚优优	11115	18081	11121	19023	21334	13532	94206

员工业绩管理表

员工编号	员工姓名	月度销售额	奖金比例	业绩奖金
SL0039	赵伊萍			
SL0049	金睿			
SL0053	吕苹			
SL0059	王静欣			
SL0060	施景易			
SL0064	邹海燕			
SL0065	杨咏			
SL0066	郑欢			
SL0067	孙书同			
SL0068	戚优优			

6月销售业绩

6月员工业绩奖金表

接下来分析一下函数的各个参数。两张表中共同的信息是员工编号，且员工对应的编号是唯一的，因此第 1 个参数"查找条件"就是"6 月员工业绩奖金表"中的员工编号，即 A 列中的数据；查找方法是从"员工业绩管理表"的 A 列开始向下查找，找到对应的员工编号后，再向右查找 H 列中与之相对应的销售业绩，因此第 2 个参数"查找列表或区域"为 A:H；从"员工编号"列向右数到"6 月"列的结果是 8，因此第 3 个参数"取数的列号"为 8；因为在本案例中是按照员工编号进行精确查找，所以第 4 个参数"匹配模式"为 FALSE 或 0。具体操作步骤如下。

配套资源
第 6 章 \ 员工业绩表—原始文件
第 6 章 \ 员工业绩表—最终效果

扫码看视频

Step1 打开文件"员工业绩表—原始文件"，切换到"6 月员工业绩奖金表"工作表，选中单元格 C2，切换到【公式】选项卡，在【函数库】组中单击【查找与引用】按钮，在弹出的下拉列表中选择【VLOOKUP】函数。

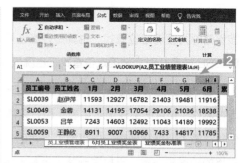

Step2 弹出【函数参数】对话框，将光标定位到第 1 个参数文本框中，然后在"6 月员工业绩奖金表"中选中单元格 A2。

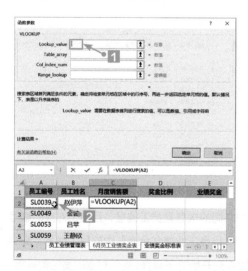

Step4 在第 3 个参数文本框和第 4 个参数文本框中分别输入"8"和"0"。

Step5 单击【确定】按钮，返回工作表，可以看到 C2 中的查找结果，然后将 C2 单元格中的公式不带格式地填充到下方的单元格区域中。填充后的效果如下图所示。

Step3 将光标定位到第 2 个参数文本框中，切换到"员工业绩管理表"中，选中 A 列到 H 列的数据。

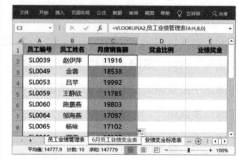

注意：VLOOKUP 函数的查找区域必须是列结构的，也就是字段数据必须按列保存，并且查找方向是从左往右的。

6.5.2 使用 HLOOKUP 函数横向查找奖金比例

HLOOKUP 函数与 VLOOKUP 函数是兄弟函数，HLOOKUP 函数可以实现按行查找，其语法结构如下。

HLOOKUP（匹配条件，查找列表或区域，取数的行号，匹配模式）

HLOOKUP 函数与 VLOOKUP 函数的参数几乎相同，只有第 3 个参数有差异，VLOOKUP 函数的第 3 个参数代表列号，而 HLOOKUP 函数的第 3 个参数代表行号。其他参数的含义这里不再赘述。接下来我们就结合实例，讲解一下 HLOOKUP 函数的具体用法。

下面两张图分别是"业绩奖金标准表"和"6 月员工业绩奖金表"，现要求将每个人对应的业绩奖金比例从"业绩奖金标准表"中查询出来，保存到"6 月员工业绩奖金表"中。

	A	B	C	D	E
1	销售额	10000以下	10000~14999	15000~19999	20000以上
2	参照销售额	¥0.00	¥10,000.00	¥15,000.00	¥20,000.00
3	奖金比例	0%	6%	8%	12%

业绩奖金标准表

	A	B	C	D	E
1	员工编号	员工姓名	月度销售额	奖金比例	业绩奖金
2	SL0039	赵伊萍	11916		
3	SL0049	金蓉	18538		
4	SL0053	吕苹	19992		
5	SL0059	王静欣	11785		
6	SL0060	施震燕	19803		
7	SL0064	邹海燕	17097		
8	SL0065	杨咏	17102		
9	SL0066	郑欢	10137		
10	SL0067	孙书同	7877		
11	SL0068	戚优优	13532		

6月员工业绩奖金表

接下来分析一下函数的各个参数，两张表中共同的信息是销售额，因此第 1 个参数"匹配条件"就是 6 月员工业绩奖金表中的月度销售额，即 C2；查找方法是从业绩奖金标准表的第 2 行开始向右查找，找到对应的销售额后，再向下查找第 3 行中与之相对应的奖金比例，因此第 2 个参数"查找列表或区域"为 2:3；从参照销售额行向下数到奖金比例行是 2 行，因此第 3 个参数"取数的行号"为 2；因为在本案例中是按照销售额进行模糊查找，所以第 4 个参数"匹配模式"为 TRUE 或 1 或省略。具体操作步骤如下。

配套资源	
第6章 \ 员工业绩表 01—原始文件	
第6章 \ 员工业绩表 01—最终效果	

扫码看视频

Step1 打开文件"员工业绩表 01—原始文件",切换到"6月员工业绩奖金表"工作表,选中单元格 D2,切换到【公式】选项卡,在【函数库】组中单击【查找与引用】按钮,在弹出的下拉列表中选择【HLOOKUP】函数选项。

Step2 弹出【函数参数】对话框,将光标定位到第 1 个参数文本框中,然后在"6月员工业绩奖金表"中选中单元格 C2。

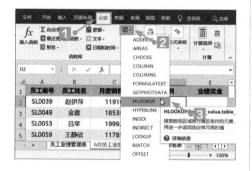

Step3 将光标定位到第 2 个参数文本框中,切换到"业绩奖金标准表"中,选中第 2 到第 3 行的数据。

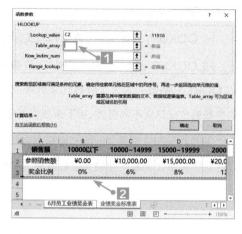

Step4 将光标定位到第 3 个参数文本框中,输入"2",第 4 个参数忽略。

Step5 单击【确定】按钮,返回工作表,可以看到单元格 D2 中的查找结果与查找公式,如下图所示。

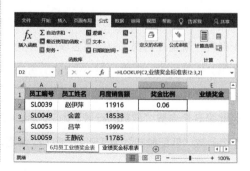

Step6 可以看到 D2 中的结果显示为小数，可以按照需求更改单元格数字格式为百分比，更改后的结果如下图所示。

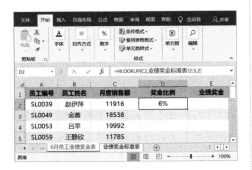

Step7 由于向下填充公式时，参数使用相对引用会改变行号，所以我们需要将不能改变行号的参数设置为绝对引用。双击单元格 D2，使其进入编辑状态，选中公式中的参数"业绩奖金标准表!2:3"，按【F4】键，即可使参数变为绝对引用"业绩奖金标准表!$2:$3"。

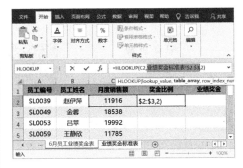

Step8 按【Enter】键完成修改，然后将单元格 D2 中的公式不带格式地填充到下方单元格区域中。

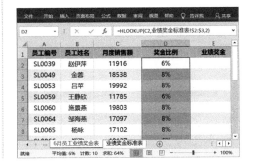

6.5.3 使用 MATCH 函数查找指定值位置

MATCH 函数的功能是从一个数组（一个一维数组或者工作表中的一列数据区域，或者工作表中一行数据区域）中，把指定元素的位置找出来。其语法结构如下。

MATCH(查找值，查找区域，匹配模式)

关于 MATCH 函数，需要注意的是第 2 个参数"查找区域"，这里的查找区域只能是一列、一行或者一个一维数组。第 3 个参数"匹配模式"是一个数字，值为 -1、0 或者 1。如果是 1 或者忽略，查找区域的数据必须升序排序。如果是 -1，查找区域的数据必须降序排序。如果是 0，则可以是任意排序。一般情况下，我们将第 3 个参数设置为 0，进行精确匹配查找。

注意：MATCH 函数不能查找重复数据，也不区分大小写。

由于 MATCH 函数得到的结果是一个位置，实际意义不大，所以一般情况下，它更多地与其他函数搭配应用。例如，它可以与 VLOOKUP 函数搭配使用，自动输入 VLOOKUP 函数的第 3 个参数。下面我们就以一个实际案例来讲解一下 MATCH 函数在嵌套中的具体用法。

配套资源
第6章 \ 员工业绩表 02—原始文件
第6章 \ 员工业绩表 02—最终效果

扫码看视频

Step1 打开文件"员工业绩表 02—原始文件",切换到"6月员工业绩奖金表"工作表,选中单元格F2,切换到【公式】选项卡,在【函数库】组中单击【查找与引用】按钮，在弹出的下拉列表中选择【VLOOKUP】函数选项。

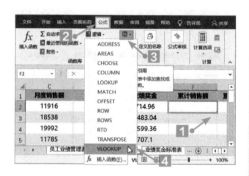

Step2 弹出【函数参数】对话框,依次输入第1、2、4个参数,然后将光标定位到第3个参数文本框中,如下图所示。

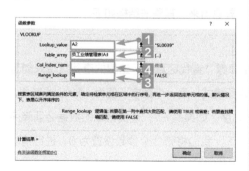

Step3 单击工作表中名称框右侧的下拉按钮,在弹出的下拉列表中选择【其他函数】选项。

Step4 弹出【插入函数】对话框,在【或选择类别】下拉列表中选择【查找与引用】选项,在【选择函数】列表框中选择【MATCH】函数。

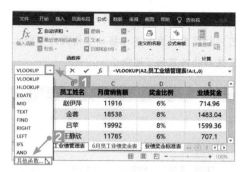

Step5 单击【确定】按钮,弹出 MATCH 函数的【函数参数】对话框,在参数文本框中依次输入3个参数,如下图所示。注意由于3个参数都是固定不变的,所以单元格引用需要使用绝对引用。

Step6 单击【确定】按钮，返回工作表，效果如下图所示。

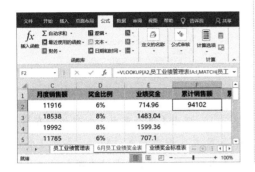

Step7 按照前面的方法，将单元格 F2 中的公式不带格式地填充到下面的单元格区域中。

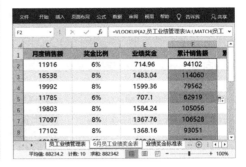

6.5.4 使用 LOOKUP 函数进行纵、横向查找

LOOKUP 函数的功能是返回向量或数组中的数值。LOOKUP 函数有两种语法形式：向量和数组。

LOOKUP 函数的向量形式是在单行区域或单列区域（向量）中查找数值，然后返回第 2 个单行区域或单列区域中相同位置的数值。其语法结构如下。

LOOKUP(查找值, 查找值数组, 返回值数组)

■ 查找值：指函数在第一个向量中所要查找的数值，它可以为数字、文本、逻辑值或包含数值的名称或引用。

■ 查找值数组：指只包含一行或一列的区域，其数值可以为数字、文本、逻辑值。

■ 返回值数组：也是指只包含一行或一列的区域，其大小必须与查找值数组相同。

LOOKUP 函数的数组形式是在数组的第一行或第一列查找指定的数值，然后返回数组的最后一行或最后一列中相同位置的数值。其语法结构如下。

LOOKUP(查找值, 数组)

■ 查找值：指包含数字、文本或逻辑值的单元格区域或数组。

■ 数组：指任意包含数字、文本或逻辑值的单元格区域或数组。

注意：无论是什么数组，查找值所在行或列的数据都应按升序排列。如果找不到指定的条件，就会与其位置最接近的值进行匹配。

LOOKUP 函数既可以像 VLOOKUP 函数那样进行纵向查找，也可以像 HLOOKUP 函数那样进行横向查找。下面我们分别来介绍一下如何使用 LOOKUP 函数进行纵、横向查找。

1. 使用 LOOKUP 函数进行纵向查找

LOOKUP 函数的向量形式和数组形式都可以进行纵向查找。我们以查找员工业绩表中 6 月的业绩为例，先介绍 LOOKUP 函数的向量形式如何进行查找。具体步骤如下。

配套资源
第 6 章 \ 员工业绩表 03——原始文件
第 6 章 \ 员工业绩表 03——最终效果

扫码看视频

Step1 打开文件"员工业绩表 03——原始文件"，在 C 列右侧插入新的一列，输入标题"月度销售额"，如下图所示。

Step2 选中单元格 D2，切换到【公式】选项卡，在【函数库】组中单击【查找与引用】按钮，在弹出的下拉列表中选择【LOOKUP】函数选项。

Step3 弹出【选定参数】对话框，选中向量形式的参数，单击【确定】按钮。

Step4 弹出【函数参数】对话框，在第 1 个参数文本框中输入"A2"，在第 2 个参数文本框中输入"员工业绩管理表 !A:A"，在第 3 个参数文本框中输入"员工业绩管理表 !H:H"。

Step5 单击【确定】按钮，返回工作表，将单元格 D2 中的公式不带格式地填充到下方单元格区域中，对比 C、D 两列的数据。效果如下图所示。

下面仍以查找员工业绩表中 6 月的业绩为例，介绍 LOOKUP 函数的数组形式如何

进行查找。具体操作步骤如下。

配套资源
第6章 \ 员工业绩表04—原始文件
第6章 \ 员工业绩表04—最终效果

扫码看视频

Step1 打开文件"员工业绩表04—原始文件",在C列右侧插入新的一列,输入标题"月度销售额",如下图所示。

Step2 选中单元格D2,切换到【公式】选项卡,在【函数库】组中单击【查找与引用】按钮 ,在弹出的下拉列表中选择【LOOKUP】函数选项。

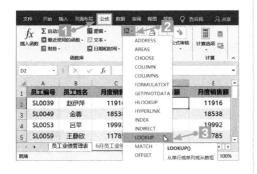

Step3 弹出【选定参数】对话框,选中数组形式的参数,单击【确定】按钮。

Step4 弹出【函数参数】对话框,在第1个参数文本框中输入"A2",在第2个参数文本框中输入"员工业绩管理表!A:H"。

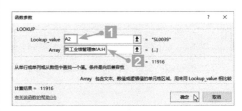

Step5 单击【确定】按钮,返回工作表,将单元格D2中的公式不带格式地填充到下方单元格区域中,并与C、E两列的结果进行对比。

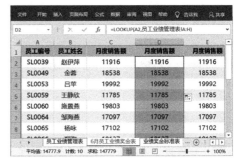

2. 使用LOOKUP函数进行横向查找

LOOKUP函数的向量形式和数组形式除了可以进行纵向查找,也都可以进行横向查找。我们以查找业绩奖金比例为例,先介绍LOOKUP函数的向量形式如何进行横向查找。具体步骤如下。

配套资源
第6章 \ 员工业绩表05—原始文件
第6章 \ 员工业绩表05—最终效果

扫码看视频

Step1 打开文件"员工业绩表05—原始文件",在F列右侧插入新的一列,输入标题"奖金比例"。

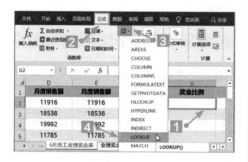

Step2 选中单元格 G2，切换到【公式】选项卡，在【函数库】组中单击【查找与引用】按钮，在弹出的下拉列表中选择【LOOKUP】函数选项。

Step5 单击【确定】按钮，返回工作表，将单元格 G2 中的公式不带格式地填充到下方单元格区域中（注意填充前先将行号设为绝对引用），对比 F、G 两列的数据。效果如下图所示。

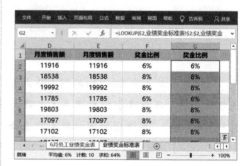

Step3 弹出【选定参数】对话框，选中向量形式的参数，单击【确定】按钮。

Step4 弹出【函数参数】对话框，在第 1 个参数文本框中输入"E2"，在第 2 个参数文本框中输入"业绩奖金标准表 !2:2"，在第 3 个参数文本框中输入"业绩奖金标准表 !3:3"。

下面仍以查找员工业绩表中的奖金比例为例，介绍 LOOKUP 函数的数组形式如何进行横向查找。具体操作步骤如下。

配套资源
第 6 章 \ 员工业绩表 06—原始文件
第 6 章 \ 员工业绩表 06—最终效果
扫码看视频

Step1 打开本实例的文件"员工业绩表06—原始文件"，在 F 列右侧插入新的一列，输入标题"奖金比例"。

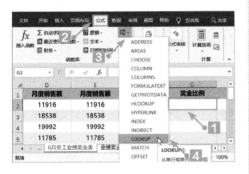

Step2 选中单元格 G2，切换到【公式】选项卡，在【函数库】组中单击【查找与引用】按钮，在弹出的下拉列表中选择【LOOKUP】函数选项。

Step3 弹出【选定参数】对话框，选中数组形式的参数，单击【确定】按钮。

文本框中输入"业绩奖金标准表!2:3"。

Step5 单击【确定】按钮，返回工作表，效果如下图所示。

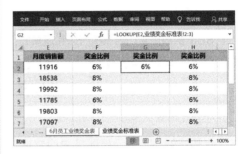

Step6 将单元格 G2 中的公式不带格式地填充到下方单元格区域中（注意填充前先将行号设为绝对引用），将 G 列的数据与 F、H 两列的数据进行对比。

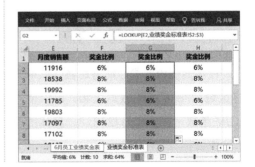

LOOKUP 函数使用数组形式进行查找时，其查找方向和返回值是根据第 2 个参数确定的。当数组的行数大于或等于列数时，LOOKUP 函数进行纵向查找，返回数组中最后一列的数据，功能与 VLOOKUP 函数相近。当数组的行数小于列数时，LOOKUP 函数进行横向查找，返回数组中最后一行的数据，功能与 HLOOKUP 函数相近。

在产品销量表中记录了每种产品或每个销售人员的销售额等数据，领导可以通过销量表清楚地了解销售的变化情况。为了快速汇总计算出需要的数据，可以借助数学与三角函数。本节重点介绍常用的数学与三角函数的使用。

现实工作中常用的数学与三角函数有 SUM、SUMIF、SUMIFS、SUMPRODUCT、SUBTOTAL、MOD、INT 等，下面我们分别介绍。

6.6.1 使用 SUM 函数汇总订单金额

SUM 函数是专门用来执行求和运算的，对哪些单元格区域中的数据求和，就将这些单元格区域写在参数中。其语法结构如下。

SUM(需要求和的单元格区域)

例如，A1:C3 单元格区域中的数据分别为 100、200、300，当在单元格 D1 中输入公式"=SUM(A1:C1)"时，单元格中显示的结果为"600"。

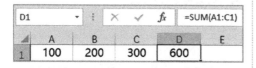

在本案例中要求"销售总额"即单元格区域 I2:I818 中的数据之和，可以使用SUM 函数，其参数为 I2:I818，具体的操作步骤如下。

配套资源
第 6 章 \ 产品销量表—原始文件
第 6 章 \ 产品销量表—最终效果

扫码看视频

Step1 打开本实例的文件"产品销量表—原始文件"，选中单元格 S1，切换到【公式】

选项卡，在【函数库】组中单击【数学和三角函数】按钮，在弹出的下拉列表中选择【SUM】函数选项。

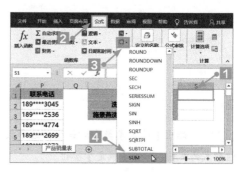

Step2 弹出【函数参数】对话框，在第 1个参数文本框中输入"I2:I818"。

Step3 单击【确定】按钮，返回工作表，即可看到求和结果。

Step4 将单元格 S1、S2 的单元格数字格式设置为货币（设置方法第 2 章已经讲过，这里不再重复），效果如下图所示。

由于得到的是销售总额，如果想要在数字前显示货币符号，就需要将单元格数字格式设置为"货币"。

6.6.2 使用 SUMIF 函数进行单条件求和

作为求和函数，SUM 会对参数中所有的数值进行求和计算，但有时我们只需要对满足条件的部分数据进行汇总，这时就需要用到 SUMIF 函数。

SUMIF 函数的功能是对工作表中指定条件的值求和。其语法结构如下。

SUMIF(条件区域，求和条件，求和区域)

例如，要求"产品销量表"中洗发水的销售总额，即对产品类别为洗发水的订单金额进行求和操作。洗发水属于产品类别字段，所以"条件区域"就是产品类别所在的 E 列；"求和条件"就是"洗发水"；求的是所有订单的销售总额，所以"求和区域"就是订单金额所在的 I 列。

因此公式为"=SUMIF(E:E," 洗发水 ",I:I)"，具体的操作步骤如下。

配套资源

第 6 章 \ 产品销量表 01—原始文件

第 6 章 \ 产品销量表 01—最终效果

Step1 打开本案例的原始文件"产品销量表 01—原始文件"，选中单元格 S2，切换到【公式】选项卡，在【函数库】组中单击【数学和三角函数】按钮，在弹出的下拉列表中选择【SUMIF】函数选项。

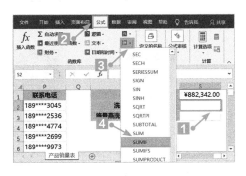

Step2 弹出【函数参数】对话框，在第1个参数文本框中输入"E:E"，在第2个参数文本框中输入"洗发水"，在第3个参数文本框中输入"I:I"。

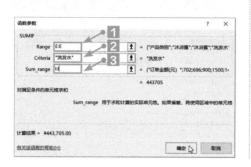

Step3 单击【确定】按钮，返回工作表，即可看到求和结果。由于之前已经设置好单元格格式，所以求和结果显示为货币格式。

6.6.3 使用 SUMIFS 函数进行多条件求和

SUMIF 函数只能解决单条件求和的问题，如果要解决多条件求和问题，就需要用到 SUMIFS 函数。

SUMIFS 函数的功能是根据指定的多个条件，把指定区域内满足所有条件的单元格数据进行求和。其语法结构如下。

SUMIFS(实际求和区域, 条件区域1, 条件值1, 条件区域2, 条件值2,…)

例如，要求员工施景燕的普通洗手液的销量，其中第1个参数"实际求和区域"就是销量，即订单数量所在的 H 列；第1个条件是员工为施景燕，所以第2个参数"条件区域1"是员工姓名所在的 K 列；第3个参数"条件值1"是"施景燕"；第2个条件是洗手液（普通），所以第4个参数是产品名称所在的 D 列；第5个参数"条件值2"是"洗手液（普通）"。具体的操作步骤如下。

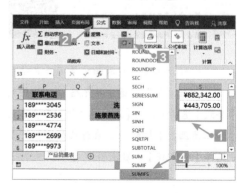

Step1 打开本实例的文件"产品销量表02—原始文件"，选中单元格 S3，切换到【公式】选项卡，在【函数库】组中单击【数学和三角函数】按钮，在弹出的下拉列表中选择【SUMIFS】函数选项。

Step2 弹出【函数参数】对话框，在第1个参数文本框中输入"H:H"，在第2个参数文本框中输入"K:K"，在第3个参数文本框中输入"施景燕"，在第4个参数文本框中输入"D:D"，在第5个参数文本框中输入"洗手液（普通）"。

Step3 单击【确定】按钮，返回工作表，即可看到求和结果。

使用 SUMIFS 函数时，最多可以为其指定 127 个求和条件。

6.6.4 使用 SUMPRODUCT 函数进行多条件求和

SUMPRODUCT 函数主要用来求几组数据乘积之和。其语法结构如下。

SUMPRODUCT(数据 1, 数据 2,…)

用户可以设置 1~255 个参数，下面分别介绍不同个数的参数对函数的影响。

1. 一个参数

如果 SUMPRODUCT 函数的参数只有一个，那么它的功能与 SUM 函数相同。即公式"=SUMPRODUCT(I2:I818)"的结果与公式"=SUM(I2:I818)"的结果相同，都是求 I2:I818 中所有数据之和。具体的操作步骤如下。

Step1 打开本实例的文件"产品销量表 03—原始文件"，选中单元格 U1，切换到【公式】选项卡，在【函数库】组中单击【数学和三角函数】按钮，在弹出的下拉列表中选择【SUMPRODUCT】函数选项。

Step2 弹出【函数参数】对话框，在第1个参数文本框中输入"I2:I818"。

Step3 单击【确定】按钮，返回工作表，即可看到求和结果与单元格 T1 中 SUM 函数的求和结果一样。

2. 两个参数

如果给 SUMPRODUCT 函数设置两个参数，那么函数就会先计算两个参数中相同位置两个数值的乘积，再求这些乘积的和。下面以"单价"和"订单数量"为函数的两个参数为例，介绍 SUMPRODUCT 函数有两个参数的用法，具体操作步骤如下。

配套资源

第6章\产品销量表04—原始文件

第6章\产品销量表04—最终效果

扫码看视频

Step1 打开本实例的文件"产品销量表04—原始文件"，选中单元格 V1，切换到【公式】选项卡，在【函数库】组中单击【数学和三角函数】按钮，在弹出的下拉列表中选择【SUMPRODUCT】函数选项。

Step2 弹出【函数参数】对话框，在第1个参数文本框中输入"G2:G818"，在第2个参数文本框中输入"H2:H818"。

Step3 单击【确定】按钮，返回工作表，即可看到乘积求和结果与 T1、U1 单元格的结果一样。

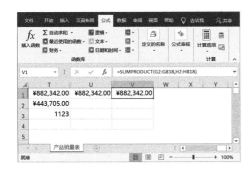

在本案例中，函数会将单价和订单数量对应相乘，得到乘积（即订单金额），然后将这些乘积相加，得到的和即为 SUMPRODUCT 函数的返回结果。

有时两个参数还不能满足工作的需要，接下来我们再介绍一下 3 个或 3 个以上参数的用法。

3. 多个参数

如果给 SUMPRODUCT 函数设置 3 个或 3 个以上参数，那么函数就会按照处理两个参数的方式进行计算，即先计算每个参数中第 1 个数值的乘积，再计算第 2 个数值的乘积……当把所有对应位置的数据相乘后，再把所有的乘积相加，得到计算结果。下面以计算折扣销售总额为例，介绍 SUMPRODUCT 函数多个参数的用法，具体操作步骤如下。

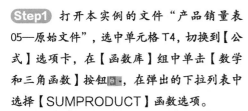

Step1 打开本实例的文件"产品销量表05—原始文件"，选中单元格 T4，切换到【公式】选项卡，在【函数库】组中单击【数学和三角函数】按钮，在弹出的下拉列表中选择【SUMPRODUCT】函数选项。

Step2 弹出【函数参数】对话框，在第 1 个参数文本框中输入"G2:G818"，在第 2 个参数文本框中输入"H2:H818"，在第 3 个参数文本框中输入"J2:J818"。

Step3 单击【确定】按钮，返回工作表，即可看到乘积求和结果。

4. 按条件求和

SUMPRODUCT 函数除了可以对数据的乘积求和外，还可以对指定条件的数据进行求和。SUMPRODUCT 函数按条件求和的语法结构如下。

SUMPRODUCT((条件 1 区域 = 条件 1)+0,(条件 2 区域 = 条件 2)+0,…(条件 n 区域 = 条件 n)+0, 求和区域)

下面以计算洗发水的销售总额为例，介绍 SUMPRODUCT 函数按条件求和的用法，具体操作步骤如下。

配套资源
第 6 章 \ 产品销量表 06—原始文件
第 6 章 \ 产品销量表 06—最终效果

Step1 打开本实例的文件"产品销量表 06—原始文件"，选中单元格 U2，切换到【公式】选项卡，在【函数库】组中单击【数学和三角函数】按钮，在弹出的下拉列表中选择【SUMPRODUCT】函数选项。

Step2 弹出【函数参数】对话框，在第 1 个参数文本框中输入"(E:E="洗发水 ")+0"，在第 2 个参数文本框中输入"I:I"。

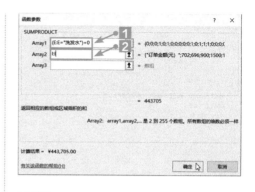

Step3 单击【确定】按钮，返回工作表，即可看到按条件求和结果。

看了 SUMPRODUCT 函数的参数，可能读者会有疑问，为什么条件参数的后面会有个"+0"呢？如果没有"+0"，公式能不能完成呢？我们先来看一下没有"+0"的公式的运算结果，很明显结果为"0"，如下图所示。

Tips! 公式中条件参数后的"+0"有什么作用？

可以看到，没有"+0"的公式的运算结果为0。这是因为SUMPRODUCT函数的条件参数中都是执行比较运算的表达式的，其结果只能是逻辑值TRUE或FALSE，也就是SUMPRODUCT函数的条件参数都是由TRUE或FALSE组成的数组。在运算时条件参数中的逻辑值会被当成0处理，所以在与求和区域的各个数值相乘后的结果也为0，导致最终的求和结果为0。

公式中"+0"的作用就是将条件参数中的逻辑值转化为数值，防止SUMPRODUCT函数把它们当作逻辑值0处理。

6.7 统计函数在员工考核表中的应用

员工考核表中记录了参加考核的员工成绩及排名情况，通过使用统计函数可以快速统计出需要的各项数据，节约时间。本节重点学习常用的几个统计函数。

常用的统计函数有 COUNTA、COUNT、MAX、MIN、AVERAGE、COUNTIF、COUNTIFS、RANK.EQ，下面我们分别介绍。

6.7.1 使用 COUNTA 函数统计应考人数

COUNTA 函数的功能是返回参数列表中非空单元格的个数。其语法结构如下。

COUNTA(value1,value2,…)

value1, value2,…为所要计算的值,参数值可以是任何类型,它们可以包括空字符"",但不包括空白单元格。如果参数是数组或单元格引用,则数组或引用中的空白单元格将被自动忽略。例如 A1:A6 为非空单元格,公式"=COUNTA(A1:A6)"的结果为"6"。

员工考核结束后需要统计考核人数，利用 COUNTA 函数可以统计出数据区域中非空单元格的个数。因此，只要选中包含所有考核人员的数据区域即可。具体的操作步骤如下。

配 套 资 源
第 6 章 \ 员工考核表—原始文件
第 6 章 \ 员工考核表—最终效果

扫码看视频

Step1 打开本实例的文件"员工考核表—原始文件"，选中单元格 B18，切换到【公式】选项卡，在【函数库】组中单击【其他函数】按钮，然后选择【统计】▶【COUNTA】函数选项。

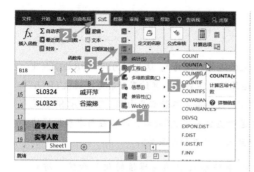

Step2 弹出【函数参数】对话框，在第1个参数文本框中输入"B2:B16"。

Step3 单击【确定】按钮，返回工作表，即可得到应参加考核的人数，如下图所示。

部分员工由于某些原因未能参加考核，因此考核结束后，我们不仅要统计应参加考核的人数，还应该统计实际参加考核的人数。下面就介绍，如何统计实际参加考核的人数。

6.7.2 使用 COUNT 函数统计实考人数

COUNT 函数的功能是计算参数列表中的数字项的个数。其语法结构如下。

COUNT(value1,value2, …)

value1, value2,… 是包含或引用各种类型数据的参数，但只有数值型的数据才被计数，错误值、空值、逻辑值、文字则被忽略。

例如公式 "=COUNT(2.5,3.5,2,0,1)" 的计算结果为 "5"，表示有 5 个数值。

在员工考核表中，实际参加考核的人有考核成绩，而没参加考核的人成绩为空。所以统计实际参加考核的人数时，可以使用 COUNT 函数，其参数为成绩列的 "C2:C16"，具体操作步骤如下。

配套资源

第 6 章 \ 员工考核表 01—原始文件

第 6 章 \ 员工考核表 01—最终效果

扫码看视频

Step1 打开文件"员工考核表 01—原始文件"，选中单元格 B19，切换到【公式】选项卡，在【函数库】组中单击【其他函数】按钮，然后选择【统计】▶【COUNT】函数选项。

Step2 弹出【函数参数】对话框，在第1个参数文本框中输入"C2:C16"。

Step3 单击【确定】按钮，返回工作表，即可得到实际参加考核的人数，如下图所示。

6.7.3 使用 MAX 函数统计最高分

MAX 函数的功能是返回一组值中的最大值。其语法结构如下。

MAX(number1,number2,…)

number1 是必需的，后面的参数是可选的。

例如公式"=MAX(68,79,91,85)"的结果为"91"。

要从所有的考核成绩中计算出最高成绩，可以使用 MAX 函数，具体的操作步骤如下。

Step1 打开文件"员工考核表 02—原始文件"，选中单元格 B20，切换到【公式】选项卡，在【函数库】组中单击【其他函数】按钮，在弹出的下拉列表中选择【统计】▶【MAX】函数选项。

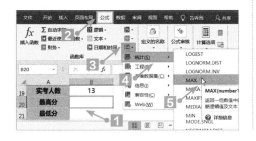

Step2 弹出【函数参数】对话框，在第1个参数文本框中输入"C2:C16"。

Step3 单击【确定】按钮，返回工作表，即可得到本次员工考核成绩的最高分。

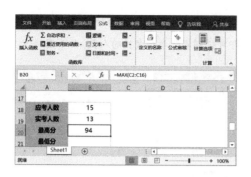

Tips!

若MAX函数的参数是单元格名称、连续单元格区域等数据引用，通常只计算其中的数值或通过公式计算的数值部分，不计算逻辑值和其他内容。若MAX函数后面的参数没有数字，则会返回0。

6.7.4 使用 MIN 函数统计最低分

MIN 函数的功能是返回一组值中的最小值。其语法结构如下。

MIN(number1,number2,…)

例如公式"=MIN(68,79,91,85)"的结果为"68"。

计算最低分和最高分的方法类似，只是使用的函数不同，具体的操作步骤如下。

Step1 打开文件"员工考核表 03—原始文件"，选中单元格 B21，切换到【公式】选项卡，在【函数库】组中单击【其他函数】按钮，在弹出的下拉列表中选择【统计】▶【MIN】函数选项。

Step3 单击【确定】按钮，返回工作表，即可得到本次员工考核成绩的最低分，如下图所示。

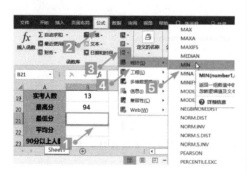

Step2 弹出【函数参数】对话框，在第 1 个参数文本框中输入"C2:C16"。

6.7.5 使用 AVERAGE 函数统计平均分

AVERAGE 是用来计算平均值的函数，参数可以是数字，或者是涉及数字的名称、数组或引用，如果数组或单元格引用参数中有文字、逻辑值或空单元格，则忽略其值。但是，如果单元格包含零值则计算在内。其语法结构如下。

AVERAGE(number1,number2,…)

例如公式"=AVERAGE(68,79,91,85)"的结果为"80.75"。

平均分可以看出考核的一个整体水平。所以，计算考核平均分也是非常重要的。使用 AVERAGE 函数计算平均分的具体操作步骤如下。

配套资源

第 6 章 \ 员工考核表 04——原始文件

第 6 章 \ 员工考核表 04——最终效果

Step1 打开文件"员工考核表 04——原始文件"，选中单元格 B22，切换到【公式】选项卡，在【函数库】组中单击【其他函数】按钮，然后选择【统计】▶【AVERAGE】函数选项。

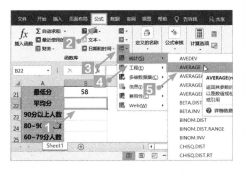

Step2 弹出【函数参数】对话框，在第 1 个参数文本框中输入"C2:C16"。

Step3 单击【确定】按钮，返回工作表，即可得到本次考核的平均分数，如下图所示。

6.7.6 使用 COUNTIF 函数统计 90 分以上人数

COUNTIF 是用来对指定区域中符合指定条件的单元格计数的一个函数。其语法结构如下。

COUNTIF(range,criteria)

参数 range 指要计算其中非空单元格数目的区域，参数 criteria 以数字、表达式或文本形式定义的条件。

COUNTIF 函数就是一个条件计数的函数，其与 COUNT 函数的区别就在于，它可以限定条件。例如，可以使用 COUNTIF 函数计算 C2:C16 中记录的考核成绩在 90 分以上的人数，公式为"=COUNTIF(C2:C16,">90")"，具体操作步骤如下。

Step1 打开文件"员工考核表 05—原始文件"，选中单元格 B23，切换到【公式】选项卡，在【函数库】组中单击【其他函数】按钮，然后选择【统计】▶【COUNTIF】函数选项。

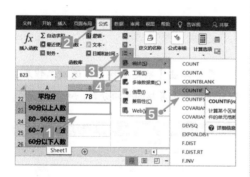

Step2 弹出【函数参数】对话框，在第 1 个参数文本框中输入"C2:C16"，在第 2 个参数文本框中输入">90"。

Step3 单击【确定】按钮，返回工作表，即可得到 90 分以上的人数，如下图所示。

Step4 读者可以按照相同的方法计算考核成绩在 60 分以下的人数。

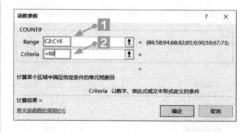

6.7.7 使用 COUNTIFS 函数统计 80~90 分人数

COUNTIFS 函数用来统计多个区域中满足给定条件的单元格的个数。其语法结构如下。

COUNTIFS(criteria_range1,criteria1,criteria_range2,criteria2,…)

criteria_range1 为第 1 个条件区域；criteria1 为第 1 个条件，其形式可以为数字、表达式或文本。同理，criteria_range2 为第 2 个条件区域，criteria2 为第 2 个条件，依此类推。最终结果为多个区域中满足所有条件的单元格个数。

COUNTIFS 函数的用法与 COUNTIF 类似，但 COUNTIF 针对单一条件，而 COUNTIFS 可以实现多个条件同时求结果。在统计各个分数段的人数时，使用 COUNTIF 函数可以分别统计出大于 90 分和小于 60 分的人数，但是无法统计出 80~90 分和 60~79 分的人数，这时我们就可以用到 COUNTIFS 函数，具体操作步骤如下。

配套资源
第 6 章 \ 员工考核表 06—原始文件
第 6 章 \ 员工考核表 06—最终效果

扫码看视频

Step1 打开本实例的文件"员工考核表06—原始文件"，选中单元格 B24，切换到【公式】选项卡，在【函数库】组中单击【其他函数】按钮，然后选择【统计】➤【COUNTIFS】函数选项。

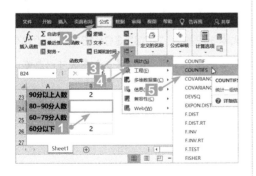

Step2 弹出【函数参数】对话框，在第 1 个参数文本框中输入"C2:C16"，在第 2 个参数文本框中输入">=80"，在第 3 个参数文本框中输入"C2:C16"，在第 4 个参

数文本框中输入"<=90"。

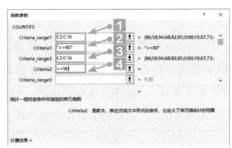

Step3 单击【确定】按钮，返回工作表，即可得到本次考核成绩在 80~90 分的人数，结果如下图所示。

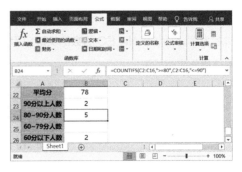

Step4 按照相同的方法计算考核成绩在

60~79分的人数,参数设计及统计结果如图所示。

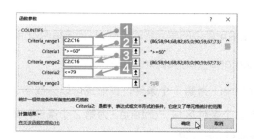

6.7.8 使用 RANK.EQ 函数进行排名

RANK.EQ 函数是一个排名函数,用于返回一个数字在数字列表中的排名,如果多个值都具有相同的排名,则返回该组数值的最高排名。其语法结构如下。

RANK.EQ(number,ref,[order])

number 参数表示参与排名的数值;ref 参数表示排名的数值区域;order 参数有 1 和 0 两种,0 表示从大到小排名,1 表示从小到大排名,当参数为 0 时可以不用输入,得到的就是从大到小的排名。

例如"=RANK.EQ(86,C2:C16)"计算的是 86 在 C2:C16 中按降序排列的排名。

RANK.EQ 函数最常用的是求某一个数值在某一区域内的排名,下面以将考核成绩排名为例,介绍RANK.EQ 函数的实际应用。具体操作步骤如下。

配套资源
第 6 章 \ 员工考核表 07—原始文件
第 6 章 \ 员工考核表 07—最终效果

扫码看视频

Step1 打开文件"员工考核表 07—原始文

件",选中单元格 E2,切换到【公式】选项卡,在【函数库】组中单击【其他函数】按钮,在弹出的下拉列表中选择【统计】▶【RANK.EQ】函数选项。

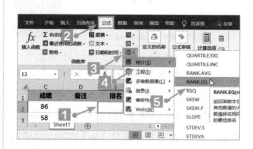

Step2 弹出【函数参数】对话框,在第 1 个参数文本框中输入"C2",在第 2 个参数文本框中输入"$C$2:$C$16",由于此处排名显然为降序,所以第 3 个参数可以忽略。

Step3 单击【确定】按钮，返回工作表，即可得到许丽在本次考核中的成绩排名，如下图所示。

Step4 将单元格 E2 中的公式不带格式地填充到下方单元格区域中，即可得到所有员工的成绩排名。缺考人员的排名显示错误值。

本章小结

本章主要介绍了以下几个内容。

（1）打好基础是关键。函数的种类繁多，学习起来比较困难，所以在学习之前一定要打好基础。首先要了解公式中的运算符和引用方式，学会如何快速准确地输入函数。掌握了基本技能，学习函数的过程才能更顺畅。

（2）逻辑函数的用法。逻辑函数可以判断是与非，其中最主要的就是IF函数，例如它可以判断迟到或早退情况，常将它与OR或AND函数嵌套使用。新增的IFS函数可以同时进行多条件判断。

（3）文本函数的用法。在Excel中，文本字符串不能参与算术运算，但是可以借助文本函数对其进行处理。例如，可以使用LEN函数计算文本长度，使用FIND函数查找字符位置，使用MID函数截取字符，使用TEXT函数指定文本格式等。

（4）日期函数的用法。日期和时间是我们经常需要处理的一类数据。例如，在合同表中，可以借助EDATE函数完成合同到期日的统计。

（5）查找与引用函数的用法。借助查找与引用函数可以从大量数据中快速找到指定的数据。例如，使用LOOKUP函数既可以完成纵向查找，又可以完成横向查找，能够帮助读者解决不少工作中的问题。

（6）数学与三角函数的用法。在数据统计与分析工作中，汇总计算用得最多。使用数学与三角函数可以轻松完成，例如，使用SUMIFS函数就能同时完成多个条件的汇总工作。

（7）统计函数的用法。统计函数在工作中的使用频率也是很高的，无论是简单的数目统计还是求最大值、最小值、平均值，或是多条件统计，都有对应的函数。学习好统计函数，能够节省大量的工作时间。

以下是本章的内容结构图及与前后章节的关系。

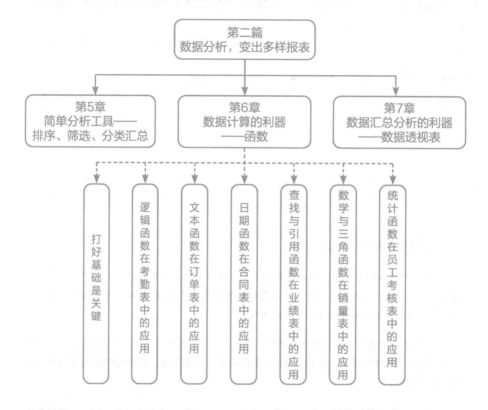

第7章
数据汇总分析的利器——数据透视表

通过第5、6章的学习，读者已经能够完成基本的数据计算与分析工作，但是要想对大量数据进行多维度的深入分析，就需要运用数据透视表了。

数据透视表是Excel中具有强大分析能力的工具，它既不用函数，也不用VBA，只要轻轻拖曳几次鼠标就能从不同角度、不同层次，以不同方式生成汇总表。

通过本章的学习，读者可以自己创建数据透视表，学会其布局和美化的方法，并且在今后的数据分析工作中，能够做到事半功倍。

视频链接

关于本章知识，本书配套教学资源中有相关的教学视频，请读者参见资源中的【数据汇总分析的利器——数据透视表】。

Mr.E：小白，下图是两张表，你知道如何通过左边的表得到右边的表吗？

小白：这个我会！左边是原始明细表，右边是报表，将左边的数据按产品名称进行排序，然后使用分类汇总功能，将汇总结果填充到右边的表中就好了。

下单日期	产品名称	单价（元/瓶）	订单数量	订单金额(元)
2019/1/3	沐浴露（滋润）	18	39	702
2019/1/3	沐浴露（抑菌）	12	58	696
2019/1/3	洗发水（柔顺）	15	60	900
2019/1/4	洗手液（普通）	25	60	1500
2019/1/4	洗发水（去屑）	38	37	1406
2019/1/4	洗手液（普通）	25	58	1450
2019/1/4	洗手液（泡沫）	15	58	870
2019/1/4	沐浴露（抑菌）	12	52	624
2019/1/5	洗手液（泡沫）	15	50	750
2019/1/5	沐浴露（清爽）	25	53	1325
2019/1/5	洗发水（滋养）	21	61	1281
2019/1/5	沐浴露（抑菌）	12	57	684

产品名称	求和项:订单数量
沐浴露（清爽）	1993
沐浴露（抑菌）	7599
沐浴露（滋润）	2187
洗发水（去屑）	6682
洗发水（柔顺）	4380
洗发水（滋养）	5909
洗手液（免洗）	3837
洗手液（普通）	7128
洗手液（泡沫）	477
总计	**40192**

Mr.E：嗯，你这样也能做出结果来，但是操作比较复杂，而且容易出错。该案例还是最简单的汇总，如果汇总的数据更复杂，再使用分类汇总，工作量就会很大，下图所示的案例就是这种情况。

按产品名称和月份来汇总销量数据

求和项:订单数量	月						
产品名称	1月	2月	3月	4月	5月	6月	总计
沐浴露（清爽）	403	144	401	480	321	244	1993
沐浴露（抑菌）	769	1139	1191	1364	1841	1295	7599
沐浴露（滋润）	276	277	335	473	434	392	2187
洗发水（去屑）	788	933	1126	1359	1352	1124	6682
洗发水（柔顺）	621	558	674	835	1082	610	4380
洗发水（滋养）	758	757	1051	1029	1333	981	5909
洗手液（免洗）	491	657	591	747	886	465	3837
洗手液（普通）	887	997	1153	1376	1425	1290	7128
洗手液（泡沫）	108					369	477
总计	**5101**	**5462**	**6522**	**7663**	**8674**	**6770**	**40192**

小白：除了分类汇总，还有什么更简单的方法吗？

Mr.E：有啊，使用数据透视表，只要轻轻拖曳几次鼠标，直接就做出汇总报表了，能够节省大量的工作时间，而且汇总表中的数据会根据明细表的变化自动更新。

小白：那你快教教我吧！

Mr.E：别着急，我们先来认识一下数据透视表的结构吧。

7.1 初识数据透视表

在创建数据透视表之前，首先要了解数据透视表的字段来源以及数据透视表中的字段、值与源数据表中行和列的关系，下面详细讲解一下。

只要选中源数据区域中的任意一个单元格，在执行【插入】➢【表格】➢【数据透视表】命令后，Excel 会自动查看源数据表，然后将源数据表中的字段名称在【数据透视表字段】任务窗格中依次列出，如下图所示。

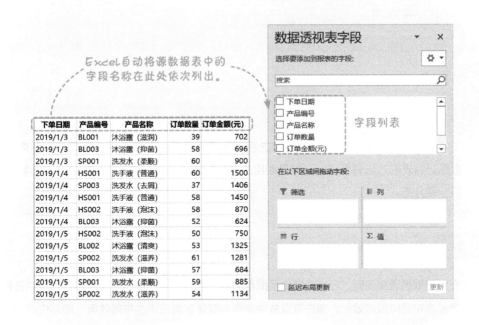

Excel自动将源数据表中的
字段名称在此处依次列出。

在源数据表中，同类数据按列存储，列被称为"字段"，一个字段下如果包含数值，就可以进行汇总求和。汇总求和后，在数据透视表中被称为"值字段"，而汇总的条件被称为"行字段"或"列字段"，如果要筛选数据，还可以设置"筛选字段"。

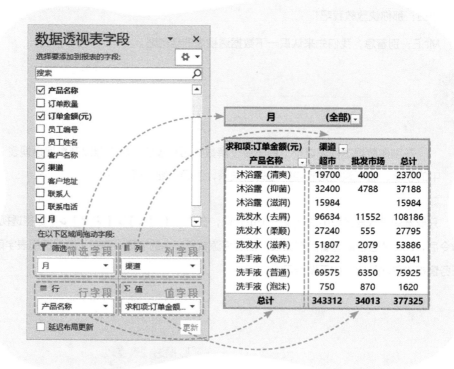

7.2 创建数据透视表

对数据透视表有了初步的了解之后，接下来就可以创建数据透视表了。创建数据透视表的方法有两种，一种是使用推荐功能创建，另一种是手动创建。下面我们分别介绍。

7.2.1 统计每个人的销售金额

在创建数据透视表时，Excel 提供了推荐选项，会根据用户选择的源数据区域提供各种数据透视表布局的预览效果，用户可以从中选择最能体现其观点的布局效果，即可生成相应的数据透视表，该种方式无须编辑字段，非常方便，具体操作步骤如下。

配套资源
第 7 章 \ 销量汇总表—原始文件
第 7 章 \ 销量汇总表—最终效果

Step1 打开本实例的文件"销量汇总表—原始文件"，选中数据区域的任意一个单元格，切换到【插入】选项卡，在【表格】组中单击【推荐的数据透视表】按钮。

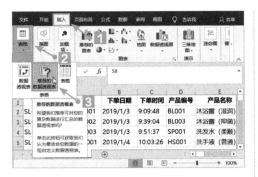

Step2 弹出【推荐的数据透视表】对话框，在左侧列表框中选择最符合需求的数据透视表即可，这里选择按员工姓名对订单金额求和，右侧为预览效果，如下图所示。

Step3 单击【确定】按钮，返回工作表，即可插入数据透视表，如下图所示。

以上就是使用系统推荐功能创建的数据透视表的步骤，在不熟悉数据透视表的前提下，可以使用该方法。但是，推荐的数据透视表对用户来说并非全部有用，常常不能满足实际需求，尤其是当字段较多时，系统容易组合出对用户分析没有意义的数据。

接下来，我们就学习如何手动创建能够满足用户实际需求的数据透视表。

7.2.2　统计不同产品在不同渠道的销售汇总

现有一份公司上半年的产品销售明细表，需要按产品名称和渠道来汇总销售额。下面介绍一下具体的操作步骤。

配套资源
第 7 章 \ 销量汇总表 01—原始文件
第 7 章 \ 销量汇总表 01—最终效果

扫码看视频

Step1 打开本实例的文件"销量汇总表 01—原始文件"，选中数据区域的任意一个单元格，切换到【插入】选项卡，在【表格】组中单击【数据透视表】按钮。

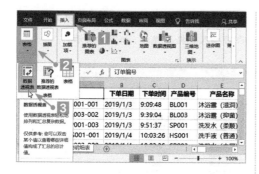

Step2 弹出【创建数据透视表】对话框，可以看到 Excel 选择了整个数据区域为数据源，默认放置数据透视表的位置为新的工作表，如下图所示。

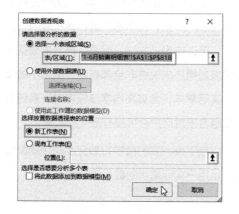

Step3 保持默认设置，单击【确定】按钮，在当前工作簿中自动插入一张新的工作表，并创建一个空白的数据透视表。

Step4 一般情况下，创建数据透视表后，系统会自动打开【数据透视表字段】任务窗格，在【选择要添加到报表的字段】列表框中选择字段，按住鼠标左键不放，将其拖曳至相应区域（筛选、列、行、值）后释放鼠标即可。这里将【下单日期】字段拖曳至【筛选】区域，将【产品名称】字段拖曳至【行】区域，将【渠道】字段拖曳至【列】区域，将【订单金额（元）】字段拖曳至【值】区域，如下图所示。

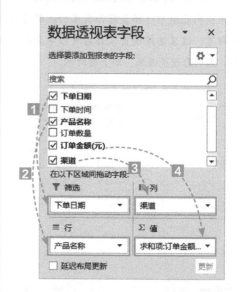

Step5 操作完成后，数据透视表就创建完成了，效果如下图所示。

【数据透视表字段】任务窗格不见了怎么办？

出现这个问题可能有两种情况：一是没有选中数据透视表区域中的单元格；二是关闭了【数据透视表字段】任务窗格。

所以碰到这种问题首先选中数据透视表区域中的任意一个单元格，查看是否会弹出【数据透视表字段】任务窗格。

如果是第二种情况，切换到【数据透视表工具】的【分析】选项卡，单击【显示】组中的【字段列表】按钮，就可以重新打开【数据透视表字段】任务窗格。

7.3 布局数据透视表

在上一节中通过鼠标拖曳完成的数据透视表还是比较粗糙的，需要进一步的布局设置。数据透视表的布局基本都是在【设计】选项卡下完成的，下面分别介绍。

数据透视表的布局主要有以下几个方面：是否显示分类汇总与总计；根据不同的分析角度对数据透视表重新布局；为了显示明确的字段标题，以表格形式显示报表布局。

7.3.1 分类汇总与总计

1. 分类汇总的设置

本案例的数据透视表中是按照产品类别、产品名称、渠道多个维度对销售量进行的汇总，但是并没有按类别显示分类汇总数据，如下图所示。

通常我们习惯在组的底部显示汇总数据，具体操作如下。

Step1 打开本实例的文件"产品分渠道销量表—原始文件"，选中数据透视表的任意一个单元格，切换到【数据透视表工具】的【设计】选项卡，单击【布局】组中的【分类汇总】按钮，在弹出的下拉列表中选择【在组的底部显示所有分类汇总】选项。

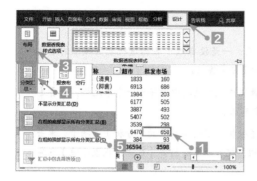

2. 总计的设置

数据透视表创建完成后，如果想要显示行或列的总计数，不需要手动计算，在【设计】选项卡下就可以进行布局，例如本案例中只对列启用了总计，如下图所示。

配套资源

第7章 \ 产品分渠道销量表 01—原始文件
第7章 \ 产品分渠道销量表 01—最终效果

扫码看视频

Step1 打开原始文件"产品分渠道销量表 01—原始文件"，如果想要对行和列都启用总计，选中数据透视表的任意一个单元格，切换到【数据透视表工具】的【设计】选项卡，单击【布局】组中的【总计】按钮，在弹出的下拉列表中选择【对行和列启用】选项。

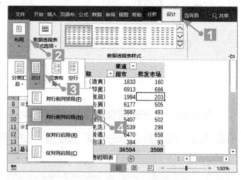

Step2 操作完成后，即可在数据透视表中分别显示行列的总计数，效果如下图所示。

7.3.2 换个角度统计数据

数据透视表创建完成后，为了满足从不同角度、不同层次对数据的分析需求，可以对数据透视表进行重新布局。例如本案例中是按产品名称和月份进行的汇总，如果要在分析各产品销售额的同时还要考察员工的业绩，就不仅需要按产品名称进行汇总，还需要按业务员对销售额进行汇总，并且在不考虑月份的情况下，可以将下单日期和月字段去掉，如下图所示。

求和项:订单金额(元) 列标签	1月	2月	3月	4月	5月	6月	总计
行标签							
沐浴露(清爽)	10075	3600	10025	12000	8025	6100	49825
沐浴露(抑菌)	9228	13668	14292	16368	22092	15540	91188
沐浴露(滋润)	4968	4986	6030	8514	7812	7056	39366
洗发水(去屑)	29944	35454	42788	51642	51376	42712	253916
洗发水(柔顺)	9315	8370	10110	12525	16230	9150	65700
洗发水(滋养)	15918	15897	22071	21609	27993	20601	124089
洗手液(免洗)	9329	12483	11229	14193	16834	8835	72903
洗手液(普通)	22175	24925	28825	34400	35625	32250	178200
洗手液(泡沫)	1620					5535	7155
总计	112572	119383	145370	171251	185987	147779	882342

求和项:订单金额(元) 列标签	金春	吕苹	戚优优	施景燕	孙书同	王静欣	杨咏	赵伊萍	郑欢	邹海燕	总计
行标签											
沐浴露(清爽)	8075	5375	3075	1050	4300	7100	3925	5125	2450	9350	49825
沐浴露(抑菌)	13392	6528	6108	13788	5688	6276	6060	10212	8712	14424	91188
沐浴露(滋润)	4050	2826	5436	1908	3960	2592	5184	6606	720	6084	39366
洗发水(去屑)	34846	19760	31274	23256	16036	16302	35340	23826	21546	31730	253916
洗发水(柔顺)	8700	7380	6105	10185	3720	5445	3915	7545	3120	9585	65700
洗发水(滋养)	20853	11529	16149	12663	7539	6027	9807	14574	9933	15015	124089
洗手液(免洗)	4769	3819	6574	13186	7733	6232	10640	6764	6251	6935	72903
洗手液(普通)	18625	21775	17325	28075	10575	12075	17625	19450	20050	12625	178200
洗手液(泡沫)	750	570	2160	945	525	870	555			780	7155
总计	114060	79562	94206	105056	60076	62919	93051	94102	72782	106528	882342

配 套 资 源

第7章 \ 销量汇总表02—原始文件

第7章 \ 销量汇总表02—最终效果

扫码看视频

Step1 打开文件"销量汇总表02—原始文件"，找到【数据透视表字段】任务窗格（如果页面不显示，可按照以下步骤打开。

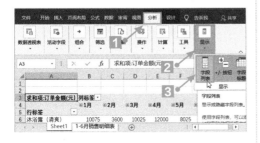

Step2 在【选择要添加到报表的字段】列表框中取消选中【下单日期】和【月】复选框，选中【员工姓名】字段，按住鼠标左键不放，将其拖曳到【列】区域中。操作完成后数据透视表的结构即发生了变化。

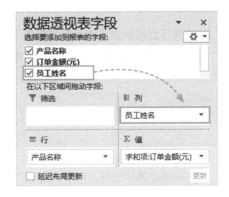

7.3.3 以表格形式显示数据透视表

在创建的数据透视表中，行字段和列字段的标题分别显示为"行标签"和"列标签"字样，我们可以把"行标签"和"列标签"替换为相应的字段名，例如本案例中将"行标签"改为"产品名称"，将"列标签"改为"月"，具体操作步骤如下。

配套资源
第7章 \ 销量汇总表03—原始文件
第7章 \ 销量汇总表03—最终效果

扫码看视频

Step1 打开文件"销量汇总表03—原始文件"，单击数据透视表的任意一个单元格，切换到【数据透视表工具】栏的【设计】选项卡，在【布局】组中单击【报表布局】按钮，在下拉列表中选择【以表格形式显示】选项。

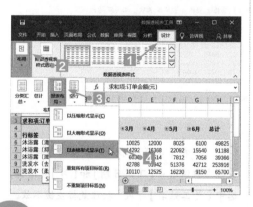

Step2 操作完成后，可以看到"行标签"和"列标签"字样已显示为正确的标题，如下图所示。

比起压缩形式的报表，将数据透视表的布局结构设置为表格形式，其数据显示更直观、便于阅读，是用户首选的数据透视表布局方式。

7.4 格式化数据透视表

为了让数据透视表看起来更简洁、美观，需要对其进行格式化处理，下面从字段设置和数据透视表样式两方面来具体介绍一下格式化的过程。

7.4.1 值字段设置

1. 更改字段名称

在创建数据透视表的过程中，当用户向值区域添加字段后，它们都将按汇总方式进行重新命名，例如对"订单数量"汇总求和时变成了"求和项：订单数量"，对"订单金额（元）"汇总求和时变成了"求和项：订单金额（元）"，这样就会加大字段所在列的列宽，影响整体的美观。

用户可以自行更改字段名称，让数据透视表的字段标题更加简洁，下面分别介绍两种对字段重命名的方法。首先介绍一下如何直接修改字段名称，具体的操作步骤如下。

Step1 打开本实例的文件"销量汇总表04—原始文件"，单击数据透视表中的列标题"求和项：订单数量"。

Step2 在编辑栏中输入新标题"产品数量"，按【Enter】键，如下图所示。

除了在编辑栏中直接修改字段名称之外，还可以使用替换功能。如果想保持原来的字段名不变，可以采用替换的方法。具体的操作步骤如下。

Step1 在"销量汇总表04—原始文件"中，单击数据透视表中的列标题"求和项：订单金额（元）"。

Step2 按【Ctrl】+【H】组合键，弹出【查找和替换】对话框。

Step3 在【查找内容】文本框中输入【求和项：】，在【替换为】文本框中输入空格。

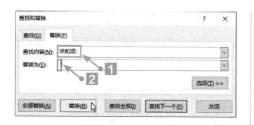

Step4 单击【替换】按钮，关闭对话框，返回工作表即可看到 C3 单元格的标题已被替换（标题前有个空格），如下图所示。

Tips! 为何要以空格替换？

数据透视表中每个字段的名称必须唯一，Excel 不允许任意两个字段具有相同的名称，即创建的数据透视表的各个字段的名称不能相同，修改后的数据透视表字段的名称与数据源表中标题行的字段名称也不能相同，否则就会出现错误提示，如下图所示。

因此，如果修改后的字段名称与原字段名称相同，可以在修改后的字段名称中添加空格加以区分。

2. 设置数字格式

实际工作中，有时数据透视表中的数字格式无法满足用户的阅读需求，这就需要我们重新设置。例如，本案例中汇总的数据是订单金额，显然设置单元格格式为【货币格式】更符合阅读需求，具体的操作步骤如下。

配套资源
第 7 章 \ 销量汇总表 05—原始文件
第 7 章 \ 销量汇总表 05—最终效果
扫码看视频

Step1 打开本实例的文件"销量汇总表 05—原始文件"，选中数据透视表中"订单金额（元）"的汇总数据区域 C4:C13。

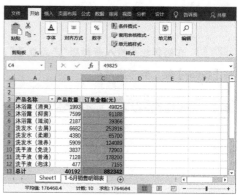

Step2 切换到【开始】选项卡，在【数字】组中的【数字格式】下拉列表中选择【货币】选项。

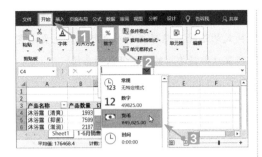

数据透视表的单元格格式设置与普通单元格的格式设置一样，只要选中单元格区域，单击鼠标右键，在弹出的快捷菜单中选中"设置单元格格式"选项，在弹出的"设置单元格格式"对话框中设置即可。关于单元格格式的设置，在第 2 章中已经介绍过，这里不再赘述。

Step3 设置完成后，订单金额列的数字即以货币格式显示，效果如下图所示。

Tips! **如何取消折叠按钮？**

数据透视表中，如果有多级分类字段，在上级字段的左侧就会出现折叠按钮━，如果不想显示折叠按钮，只要一步就可以实现。

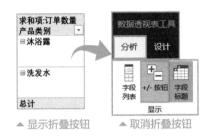

▲ 显示折叠按钮　　▲ 取消折叠按钮

7.4.2 设置数据透视表样式

在创建数据透视表后，系统会默认自动套用一种样式【浅蓝，数据透视表样式浅色16】，在【设计】选项卡下的【数据透视表样式】组中即可查看，如下图所示。

使用数据透视表对数据进行汇总分析时，并不要求有多美观，因此，并不需要手动对数据透视表进行各种复杂的美化操作，系统中自带的数据透视表样式已经能够满足基本的美化需要。如果想要更换默认的数据透视表样式，直接点选即可，简单快捷。下面介绍具体的操作步骤。

Step1 打开本实例的文件"销量汇总表06—原始文件",单击数据透视表中任意一个单元格,切换到【数据透视表工具】栏下的【设计】选项卡,在【数据透视表样式】组中单击【其他】按钮。

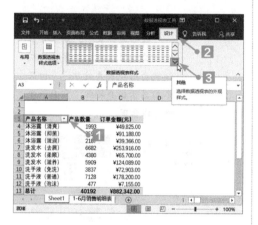

Step2 弹出数据透视表样式库,如下图所示。

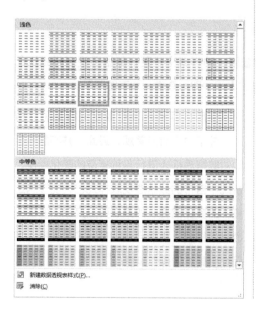

Step3 在样式库中选择一种合适的样式。样式的选择可以根据个人喜好,但也要以突出重点数据为目的,保证数据易读。

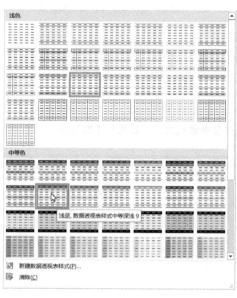

Step4 操作完成后,数据透视表即更换为所选样式。

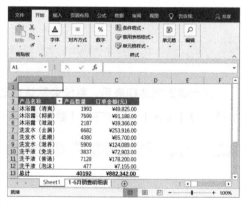

7.5 数据透视表分析

数据透视表可以快速地对大量数据进行汇总，当汇总后的数据无法满足用户需求，还需要进行计算、排序、筛选等操作达到分析数据的目的。

7.5.1 在数据透视表中进行计算

数据透视表创建后，不允许手动修改或移动数据透视表值区域中的任何数据，也不能插入单元格或添加公式进行计算。如果需要计算，必须使用"添加计算字段"或"添加计算项"功能，下面分别介绍。

1. 添加计算字段

计算字段是对数据透视表中现有的字段执行计算后得到的新字段，即字段和字段之间的计算。

下图展示的是根据产品销量明细表创建的数据透视表，如果希望根据销售人员的业绩进行奖金提成的计算，可以通过添加计算字段的方式完成。

产品名称	规格 (ml/瓶)	单价 (元/瓶)	订单数量	订单金额 (元)	员工编号	员工姓名
洗发水（去屑）	400	38	57	2166	SL0039	赵伊萍
洗手液（普通）	250	25	48	1200	SL0049	金蓉
沐浴露（滋润）	300	18	59	1062	SL0053	吕苹
沐浴露（抑菌）	300	12	52	624	SL0068	戚优优
洗发水（柔顺）	400	15	38	570	SL0059	王静欣
洗手液（普通）	250	25	51	1275	SL0049	金蓉
洗发水（去屑）	400	38	38	1444	SL0060	施景燕
洗手液（普通）	250	25	59	1475	SL0039	赵伊萍
洗手液（泡沫）	250	15	52	780	SL0064	邹海燕
沐浴露（抑菌）	300	12	38	456	SL0060	施景燕
洗手液（泡沫）	250	15	51	765	SL0068	戚优优
洗手液（泡沫）	250	15	38	570	SL0053	吕苹
沐浴露（抑菌）	300	12	57	684	SL0066	郑欢
洗手液（泡沫）	250	15	35	525	SL0068	戚优优

员工姓名 ▼	求和项:订单金额(元)
金蓉	114060
吕苹	79562
戚优优	94206
施景燕	105056
孙书同	60076
王静欣	62919
杨咏	93051
赵伊萍	94102
郑欢	72782
邹海燕	106528
总计	882342

在本案例中，员工的奖金提成等于员工业绩乘以提成比例，假如提成比例为1.8%，即业绩提成的公式为"= 订单金额*0.018"，具体的操作步骤如下。

配套资源

第 7 章 \ 业绩奖金提成表—原始文件

第 7 章 \ 业绩奖金提成表—最终效果

扫码看视频

Step1 打开本实例的文件"业绩奖金提成表—原始文件",单击数据透视表中任意一个单元格,切换到【数据透视表工具】栏下的【分析】选项卡,在【计算】组中单击【字段、项目和集】按钮,在弹出的下拉列表中选择【计算字段】选项。

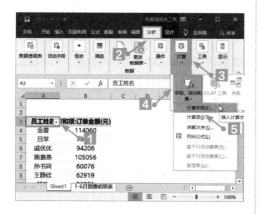

Step2 弹出【插入计算字段】对话框,如下图所示。

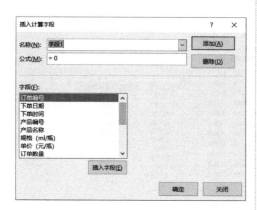

Step3 在【名称】文本框内输入"奖金提成";删除【公式】文本框中的内容,双击【字段】列表中的【订单金额(元)】,输入"*0.018";单击右侧的【添加】按钮。

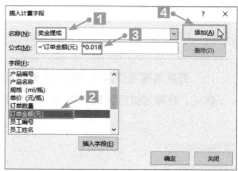

Step4 操作完成后,可以看到【字段】列表框中添加了【奖金提成】字段,单击【确定】按钮即可。

Step5 返回工作表,可以看到数据透视表中新增加了一个【求和项:奖金提成】字段,如下图所示。

2. 添加计算项

计算项是在已有的字段中插入新的项，是通过对该字段下现有的项执行计算后得到的，即同一字段下不同项之间的计算。

下图展示的是根据产品销售总表创建的数据透视表，如果想要对各月的销售数据进行同比分析，需要计算 2018 年和 2019 年的差额，由于 2018 年和 2019 年是同一个字段下的不同项，因此不能使用计算字段，而应该添加计算项。

年份	月份	实际销售额（元）	目标销售额（元）
2018年	1月	112572	120000
2018年	2月	119383	120000
2018年	3月	145370	130000
2018年	4月	171251	150000
2018年	5月	185987	160000
2018年	6月	147779	150000
2018年	7月	125684	120000
2018年	8月	159654	150000
2018年	9月	145865	150000
2018年	10月	112547	100000
2018年	11月	121548	120000
2018年	12月	138468	120000
2019年	1月	112546	120000
2019年	2月	182000	180000
2019年	3月	105249	100000
2019年	4月	168452	150000
2019年	5月	112547	120000
2019年	6月	152468	150000
2019年	7月	127957	120000
2019年	8月	102479	100000
2019年	9月	125846	120000
2019年	10月	184562	180000
2019年	11月	141212	140000
2019年	12月	151354	150000

求和项:实际销售额（元）	年份		
月份	2018年	2019年	总计
1月	112572	112546	225118
2月	119383	182000	301383
3月	145370	105249	250619
4月	171251	168452	339703
5月	185987	112547	298534
6月	147779	152468	300247
7月	125684	127957	253641
8月	159654	102479	262133
9月	145865	125846	271711
10月	112547	184562	297109
11月	121548	141212	262760
12月	138468	151354	289822
总计	1686108	1666672	3352780

Step1 打开本实例的文件"销售总表—原始文件"，单击数据透视表中任意一个列标题，例如 B4 单元格，切换到【数据透视表工具】的【分析】选项卡，在【计算】组中单击【字段、项目和集】按钮，在弹出的下拉列表中选择【计算项】选项。

Step2 弹出【在"年份"中插入计算字段】对话框，如下图所示。

Step3 在【名称】文本框中输入"差额"；删除【公式】文本框中的内容，双击【项】列表中的【2019年】，输入减号"-"，再双击【2018年】；单击右侧的【添加】按钮。

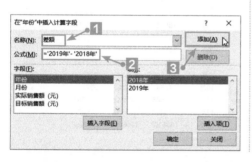

Step4 单击【确定】按钮，可以看到数据透视表中新添加的计算项【差额】，如下图所示。

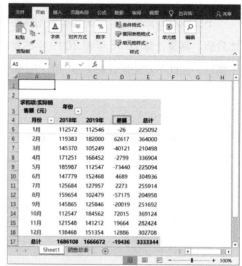

由于"总计"列的数据在这里没有实际意义，可选中标题"总计"，单击鼠标右键，在弹出的快捷菜单中单击"删除总计"将其删除。

7.5.2　数据透视表的排序与筛选

1. 数据透视表的排序

为了更方便地对产品的销售额进行分析，可以对销售额进行排序，具体操作如下。

配套资源	
第 7 章 \ 销量汇总表 07—原始文件	
第 7 章 \ 销量汇总表 07—最终效果	扫码看视频

Step1 打开本实例的文件"销量汇总表07—原始文件"，单击"订单金额（元）"列中的任意一个单元格，单击鼠标右键，在弹出

的快捷菜单中单击【排序】▶【降序】选项。

Step2 数据透视表中的数据即按订单金额降序排序，结果如下图所示。

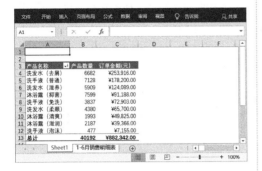

2. 数据透视表的筛选

在数据透视表中，如果汇总后项目很多，要从中找出需要的数据，就可以使用筛选功能，具体的操作步骤如下。

配套资源

第7章\客户订单汇总表—原始文件

第7章\客户订单汇总表—最终效果

扫码看视频

Step1 打开本实例的文件"客户订单汇总表—原始文件"，单击【客户名称】右侧的下拉按钮，选择【值筛选】▶【前10项】选项。

Step2 弹出【前10个筛选（客户名称）】对话框，如下图所示。

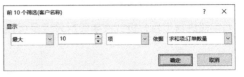

Step3 单击【依据】文本框右侧的下拉按钮，选择【求和项：订单金额（元）】选项。

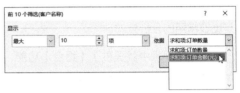

Step4 设置完成后，单击【确定】按钮，返回工作表，即可筛选出订单金额最高的10个客户，如下图所示。

在数据分析的过程中，对数据透视表中的汇总数据进行排序或筛选会让数据更具有规律性，从海量数据中找出最有价值的信息，快速得到需要的报表。进而降低数据分析的难度，提高工作效率。

7.5.3 数据透视表的组合和拆分

数据透视表是灵活多变的，不仅体现在布局方式和汇总计算上，在创建完成后，还可以对字段进行组合分析或按字段拆分成多页报表，下面分别介绍。

1. 组合功能

在源数据表中，通常会以日或订单号为单位来记录数据，在分析数据时，需要首先按日期或数值分段，然后进行对比分析，这是比较常用的分析方式。

数据透视表中就提供了【组合】功能，无论是日期还是数值，都可以按指定步长来分组汇总，下面就以组合日期为例，介绍一下具体操作方法。

配套资源
第7章\销量汇总表08—原始文件
第7章\销量汇总表08—最终效果

扫码看视频

Step1 打开本实例的文件"销量汇总表08—原始文件"，可以看到数据透视表的行标题是【月】，这是将【下单日期】拖曳至行区域后自动生成的，在数据透视表的任意一个月份标题上单击鼠标右键，在弹出的快捷菜单中单击【组合】选项。

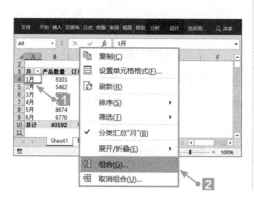

Step2 弹出【组合】对话框，在【步长】列表框中取消选择【日】，剩下【月】，并选择【季度】，然后单击【确定】按钮。

Step3 操作完成后，可以看到数据透视表在月的基础上，按季度进行组合了，效果如下图所示。

2. 一表拆成多表

在日常工作中，经常需要将一份报表拆分成多份报表以满足阅读或打印需求。如果需要的报表数量很多，一份一份拆分就会很麻烦。数据透视表中自带报表拆分功能，只要单击几下鼠标，就能将一份报表快速拆分成多份报表。

下面还是以销售汇总表为例，按月将报表拆分成多份，具体操作如下。

配套资源	
⬇ 第7章 \ 销量汇总表09—原始文件	
	第7章 \ 销量汇总表09—最终效果

扫码看视频

Step1 打开文件"销量汇总表09—原始文件"，在【数据透视表字段】任务窗格中将【下单日期】字段拖曳至【筛选】区域。

Step2 选中数据透视表的任意一个单元格，切换到【分析】选项卡，单击【数据透视表】组中的【选项】按钮，在下拉列表中选择【显示报表筛选页】。

Step3 弹出【显示报表筛选页】对话框，默认选中【下单日期】字段，单击【确定】按钮即可。

Step4 设置完成后，在汇总表Sheet1的基础上，按月新生成了6个报表，各报表是以月份命名的，并且各月份报表的结构与汇总表Sheet1的结构是一样的，如下图所示。

本章小结

本章主要介绍了以下几部分内容。

（1）初识数据透视表。本节通过图示向读者展示了数据透视表中的字段来源及各字段与源数据表中行与列的关系，使读者对数据透视表有一个直观的了解。

（2）创建数据透视表。数据透视表的创建主要有两种方式，一是在不熟悉数据透视表的前提下，可以使用推荐功能创建；二是在推荐功能无法满足需求时，可以使用手动创建。读者可根据实际情况来选择合适的创建方式。

（3）布局数据透视表。主要包括数据透视表中是否显示分类汇总与总计、数据结构的布局和显示方式的布局。用户可以根据实际需求判断是否需要分类汇总与总计；数据结构的布局很简单，只要在字段窗格中拖曳字段就能实现结构布局的千变万化；为了使表格数据更直观易读，首选的显示方式是表格形式。

（4）格式化数据透视表。数据透视表创建完成后会自带一种表格样式，但是由于数据透视表的复杂程度不同，布局结构千变万化，有时自带的样式看起来并不美观。读者可以根据实际需求自行设置字段和表格样式。

（5）数据透视表分析。数据透视表除了可以汇总数据，还提供了计算、排序、筛选、组合和拆分功能，直接在汇总数据的基础上进行计算，节省了大量的工作时间；使用排序、筛选和组合功能让数据更具有规律性和分析价值。

以下是本章的内容结构图及与前后章节的关系。

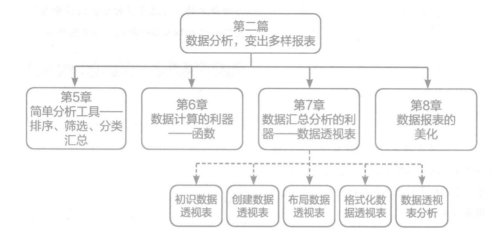

第8章
数据报表的美化

Excel

掌握了前面介绍的"变"表的方法，要制作数据报表就容易多了。在Excel中，表格默认都是白底黑字，而且没有边框，只有实际不存在的网格线。这样的表格不美观，并且阅读起来比较困难。因此，报表制作完成后，需要对其进行美化处理，提高报表的易读性。

在本章中，将介绍几种快速美化表格的方法，包括套用表格格式对整个表格的美化、套用单元格样式对局部单元格的美化及使用条件格式指定规则突出显示数据。学完本章内容，你的表格也可以让人眼前一亮！

视频链接

关于本章知识，本书配套教学资源中有相关的教学视频，请读者参见资源中的【数据报表的美化】。

Mr.E: 小白，在学习本章的内容之前，先交给你一个任务！下图是一张产品销量分析表，你来把它美化一下吧！

	A	B	C	D
1	产品名称	实际销售额（元）	目标销售额（元）	完成率
2	沐浴露（清爽）	49825	50000	1.00
3	沐浴露（抑菌）	91188	80000	1.14
4	沐浴露（滋润）	39366	40000	0.98
5	洗发水（去屑）	253916	250000	1.02
6	洗发水（柔顺）	65700	60000	1.10
7	洗发水（滋养）	124089	125000	0.99
8	洗手液（免洗）	72903	80000	0.91
9	洗手液（普通）	178200	180000	0.99
10	洗手液（泡沫）	7155	5000	1.43
11	总计	882342	870000	1.01

小白：这可难不倒我，我最喜欢美化了！

几分钟以后，小白给 Mr.E 呈现了下图所示的报表。

产品名称	实际销售额（元）	目标销售额（元）	完成率
沐浴露（清爽）	49825	50000	1.00
沐浴露（抑菌）	91188	80000	1.14
沐浴露（滋润）	39366	40000	0.98
洗发水（去屑）	253916	250000	1.02
洗发水（柔顺）	65700	60000	1.10
洗发水（滋养）	124089	125000	0.99
洗手液（免洗）	72903	80000	0.91
洗手液（普通）	178200	180000	0.99
洗手液（泡沫）	7155	5000	1.43
总计	882342	870000	1.01418621

Mr.E: 小白，美化可不仅仅是填充背景颜色哦！而且你这美化的效果不但没有起到美化的作用，反而增加了数据读取和分析的难度。例如标题行的字体和背景颜色相近，内容不突出；字号太小；行与行之间没有框线；完成率列的数据没有以百分比显示……

表格不是做完了扔给领导就完事了，一定要站在对方的角度思考，做出有利于对方查看和分析数据的表格。本章我们就从三个方面来介绍一下如何美化报表，包括对整个表格的美化、对局部单元格的美化及按指定规则突出显示数据。

8.1 对整个表格的美化
——套用Excel表格格式

为了提高报表的美观性，需要对报表进行整体美化操作，美化方式有多种，这里介绍简单易用的方式——套用Excel系统自带的表格格式。

8.1.1 选择合适的表格格式

Excel中提供了预设的表格格式，包括字形、字体颜色、边框和底纹等属性。用户可以根据自己表格的特点及需求，选择合适的表格格式。

在选择表格格式时，要求重点突出标题行，为了提升阅读体验，建议将行设置为间隔色底纹，这样看起来既整齐美观，又不容易看错行。下面我们介绍一下套用表格格式的具体步骤。

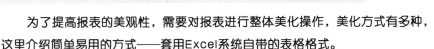

配套资源
第8章 \ 出勤情况统计表—原始文件
第8章 \ 出勤情况统计表—最终效果

扫码看视频

Step1 打开文件"出勤情况统计表—原始文件"，选中数据区域的任意一个单元格，切换到【开始】选项卡，在【样式】组中单击【套用表格格式】按钮 套用表格格式·。

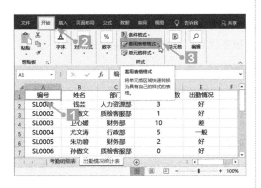

Step2 在弹出的表格格式库中选择一种合适的样式，例如【蓝色，表样式中等深浅2】。

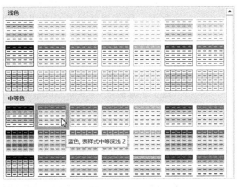

Step3 弹出【套用表格式】对话框，系统默认应用活动工作表中的所有数据区域，选中【表包含标题】复选框。

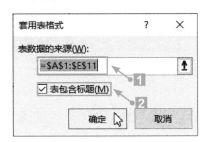

Step4 单击【确定】按钮，返回工作表，可以看到数据区域已经应用了选中的表样式（下图所示为取消网格线的显示效果）。

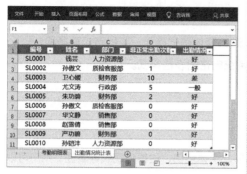

前面介绍过，网格线是虚拟的，只是为了辅助用户查看数据的。在本案例中为了提高表格样式的显示效果，可以将网格线的显示取消。取消网格线显示的具体操作：切换到【视图】选项卡，取消勾选【显示】组中的【网格线】复选框即可。

在 Step3 中，如果取消选中【表包含标题】复选框，系统会默认选中的区域中没有标题行，会重新定义一行标题，如下图所示。

8.1.2 套用表格格式的优点

给数据区域套用表格格式之后，数据区域会自动转换为表格，并且会自动添加筛选按钮，当鼠标指针定位在表格中时，会自动显示【表格工具】选项，如下图所示。

在 Excel 中，"表格"相比数据区域有很多优点，它可以为数据处理与维护提供更多便利。

优点 1："表格"可以自动添加多种数据统计功能。在"表格"的任意一个单元格中单击鼠标右键，在弹出的快捷菜单中选择【表格】➤【汇总行】选项，即可在表格下方自动生成一个汇总行。

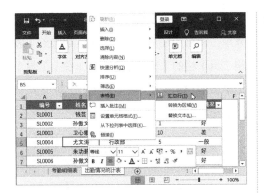

单击汇总行各单元格的下拉按钮，可以设置各个字段的汇总方式，如下图所示。

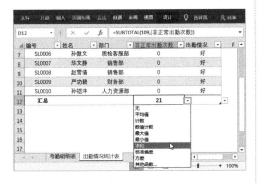

优点2：在"表格"的相邻行或列添加内容时，会自动应用表格格式。例如在A12单元格中输入"SL0011"，按【Enter】键，效果如下图所示。

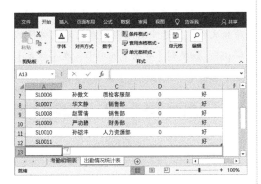

优点3：在"表格"中输入公式时，会自动以第一行标题文本显示。例如在F2单

元格中输入"=D2/F2"，通常在阅读公式时还需要一个个去查找单元格地址代表的含义，当公式很复杂时就会降低工作效率。但是在"表格"中就可以很好地解决这个问题，输入公式后会直接显示为"=【@ 非正常出勤次数】/【@ 总出勤次数】"，大大增强了公式的可读性。

优点4："表格"中同列的公式可以自动填充，方便快捷。例如在F2单元格中输入了公式，按【Enter】键后，F列的其他行会自动套用F2中的公式。

另外，在"表格"中插入行之后，插入行的公式也会被自动填充。例如，在第3行后插入新的一行，单元格F4中也会被自动填充上公式，如下页图所示。

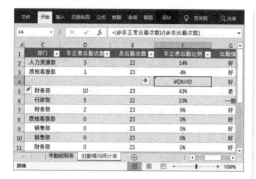

当有多个列设有公式时，插入新行后需要一个个手动添加公式，工作量会非常大，但是转换为"表格"，就会避免这一问题，非常方便。

如果想要将表格再转换为普通区域，只需单击表格的任意一个单元格，切换到【表格工具】栏的【设计】选项卡，在【工具】组中单击【转换为区域】按钮 转换为区域 即可，如下图所示。

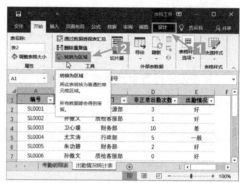

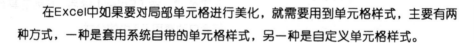

8.2 对局部单元格的美化
——套用单元格样式

在Excel中如果要对局部单元格进行美化，就需要用到单元格样式，主要有两种方式，一种是套用系统自带的单元格样式，另一种是自定义单元格样式。

8.2.1 套用单元格样式

套用单元格样式的好处就是除了可以设置字形、边框和底纹，还可以设置字体、字号、对齐方式等。用户可以根据不同的需要，选择系统预设的单元格样式，快速得到想要的效果。具体操作步骤如下。

Step1 打开文件"出勤情况统计表02—原始文件"，选中标题行所在的单元格区域A1:G1，切换到【开始】选项卡，在【样式】组中单击【单元格样式】按钮 单元格样式 。

Step2 从弹出的下拉列表中选择一种合适的标题样式，例如选择【标题】组的【标题2】样式。

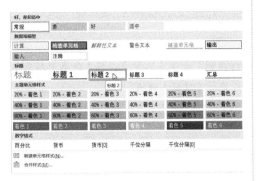

Step3 选中的单元格区域即可应用【标题2】样式，如下图所示。

Step4 可以看到，应用【标题2】样式后，字号和字体颜色都发生了变化。除此之外，

应用单元格样式还可以设置单元格的数字格式，例如选中单元格区域F2:F11，单击【单元格样式】按钮 单元格样式，从下拉列表中选择【数字格式】中的【百分比】选项。

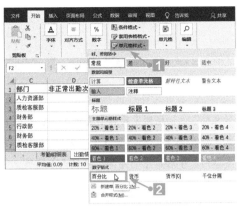

Step5 返回工作表，即可将选中的数据区域设置为【百分比】格式，如下图所示。

Tips!

在套用单元格样式时，可以对同一个单元格套用多个样式，并且这些样式会自动合并。例如在第1种样式中设置了字体、字号和边框，在第2种样式中设置了字体和边框，那么在应用第2种样式时只会改变字体和边框，字号仍保留第1种样式中的设置。

8.2.2 自定义单元格样式

虽然 Excel 为我们提供了一些自带的单元格样式，但这些样式相对来说比较简单，有时无法满足工作的需求，因此我们需要根据表格的特点自定义单元格样式，具体操作步骤如下。

配套资源
第 8 章 \ 出勤情况统计表 03—原始文件
第 8 章 \ 出勤情况统计表 03—最终效果

扫码看视频

Step1 打开文件"出勤情况统计表 03—原始文件"，切换到【开始】选项卡，单击【样式】组中的【单元格样式】按钮，在弹出的下拉列表中选择【新建单元格样式】选项。

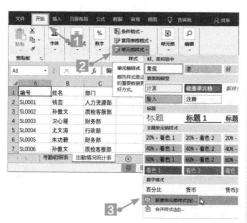

Step2 弹出【样式】对话框，在【样式名】文本框中输入新建的样式名称【标题 1】，单击【格式】按钮。

Step3 弹出【设置单元格格式】对话框，切换到【数字】选项卡，在【分类】列表框中选择【常规】选项。

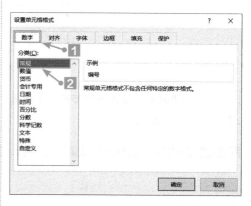

Step4 切换到【对齐】选项卡，在【水平对齐】下拉列表中选择【居中】选项，在【垂直对齐】下拉列表中选择【居中】选项。

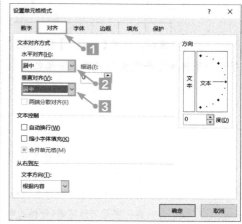

Step5 切换到【字体】选项卡，在【字体】列表框中选择【微软雅黑】选项，在【字形】

列表框中选择【加粗】选项，在【字号】列表框中的选择【14】号，在【颜色】下拉列表中选择【黑色，文字1，淡色35%】。

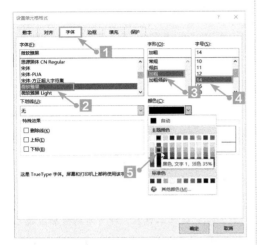

Step6 切换到【边框】选项卡，在【样式】列表框中选择【细线条】选项，在【颜色】下拉列表中选择【黑色，文字1，淡色25%】选项，在【边框】组合框中依次单击【上框线】按钮⊞和【下框线】按钮⊞。

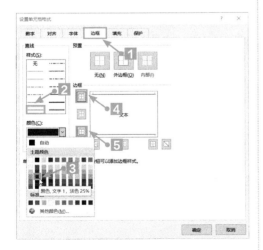

Step7 切换到【填充】选项卡，选择一种合适的填充颜色。

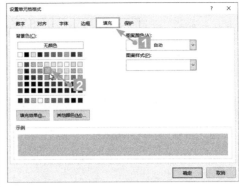

Step8 设置完毕，单击【确定】按钮，返回【样式】对话框，再次单击【确定】按钮，返回工作表，即可在单元格样式库中看到新建的【标题1】样式。

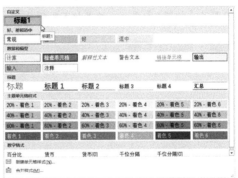

Step9 使用同样的方法设置数据区域的单元格样式。将字体设置为微软雅黑字体，11号字，水平及垂直居中对齐，以及上下左右边框。

Step10 单元格样式自定义完成后，就可以应用样式了。选中标题行所在的单元格区域A1:E1，单击【单元格样式】按钮 单元格样式 ，在弹出的下拉列表中选择【标题1】选项。

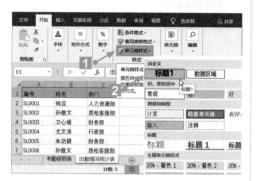

Step11 返回工作表，即可看到标题行已经应用了【标题1】样式，效果如下图所示。

Step12 应用数据区域的样式，选中数据区域所在的单元格区域A2:E11，单击【单元格样式】按钮 单元格样式 ，在弹出的下拉列表中选择【数据区域】选项。

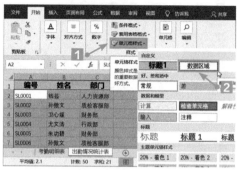

Step13 返回工作表，即可看到数据区域已经应用了【数据区域】样式，如下图所示。

8.3 按指定规则突出显示数据
——应用条件格式

在实际工作中分析数据时，对于表格中一些存在异常或者需要重点强调的数据，可以通过Excel的条件格式功能将其突出显示。

8.3.1 根据指定条件突出显示重点数据

在半年度产品销量分析表中，每种产品都根据实际情况制定了不同的目标销售额，对于没有完成目标的产品应该重点显示，分析原因。例如，突出显示表格中完成率低于100%的单元格，具体操作如下。

后面的下拉列表中选择一种合适的填充颜色，这里采用默认的【浅红填充色深红色文本】。

Step1 打开本实例的文件"产品销量分析表—原始文件"，选中单元格区域 D2:D11，切换到【开始】选项卡，在【样式】组中单击【条件格式】按钮，在弹出的下拉列表中选择【突出显示单元格规则】➤【小于】。

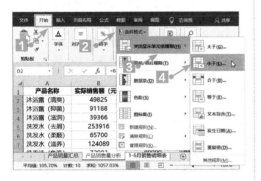

Step2 打开【小于】对话框，在【设置为】前面的文本框中输入【100%】，在【设置为】

Step3 设置完毕，单击【确定】按钮，返回工作表，可以看到完成率低于100%的数据已经被突出显示出来了，效果如下图所示。

8.3.2 用数据条辅助识别数据大小

在条件格式中有个数据条功能，它可以直观地显示出同列数据的大小关系。数据条的长度代表单元格中的值，数据条越长表示值越高或越大；数据条越短，表示值越低或越小。通过辨认数据条的长短可以快速判断数据大小，提高可读性。

下面以为实际销售额添加数据条为例，介绍添加数据条的具体操作。

Step1 打开文件"产品销量分析表01—原始文件"，选中单元格区域 B2:B10，切换到【开始】选项卡，在【样式】组中单击【条件格式】按钮，然后选择【数据条】，在【渐变填充】组中选择【浅蓝色填充】。

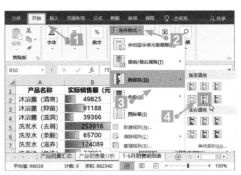

Step2 返回工作表即可看到选中的数据区域添加数据条的显示效果，如下图所示。

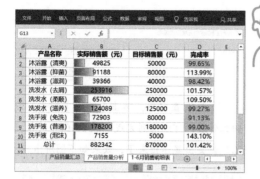

Tips! 一键清除单元格格式

小白：本章学习了这么多数据报表的美化处理方法，如果想要恢复数据最原始的状态，又该怎么操作呢？

Mr.E：别着急，你能想到的，Excel都替你做好了。这个很简单，只要一个操作就能实现。选中数据区域，切换到【开始】选项卡，在【编辑】组中单击【清除】按钮，在弹出的下拉列表中选择【清除格式】选项，即可清除所选区域的所有格式设置，恢复数据最原始的状态（等线，11号字体，底端对齐，无边框）。

本章小结

本章主要介绍了以下三方面内容。

（1）对整个表格的美化。为了使整个表格看起来整齐划一，美观易读，可以使用套用表格格式，如果系统的预设样式无法满足需求，可以根据个人需求自定义。

（2）对局部单元格的美化。由于套用表格格式只能对表格整体进行美化，无法改变字体和数字格式等，因此对于局部数据的格式设置就需要使用单元格样式，同样地，单元格样式也可以根据需求自定义，并且效果可以合并，美化起来更灵活。

（3）按指定规则突出显示数据。美化表格的目的，一是为了美观，二是为了便于读取和分析数据。因此，对于重点数据，需要借助条件格式来突出显示。例如改变重点数据的单元格填充颜色或字体颜色，这样在读取或分析时，一眼就能看到重点数据，提高效率。

以下是本章的内容结构图及与前后章节的关系。

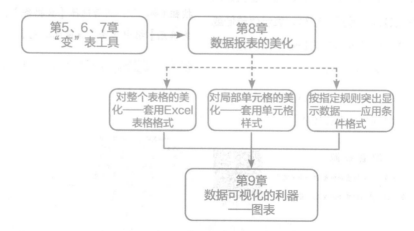

第9章
数据可视化的利器——图表

　　本书的第二篇讲的是"变出多样报表",前面几章已经介绍了"变"表及美化方法,本章我们来介绍一下数据可视化的利器——图表。

　　在做数据分析的人中,大都知道"字不如表,表不如图"的道理,可见图表的重要性。比起枯燥的数据,图表更引人注目并且更具有说服力,因而成为职场人士钟爱的数据展示与分析利器。但是要想制作出精美、专业的图表并非易事。

　　在本章中,除了介绍如何选择及制作普通的图表,还会介绍几种动态图表的制作方法,让你的数据展示更直观更灵活。

视频链接

关于本章知识,本书配套教学资源中有相关的教学视频,请参见资源中的【数据可视化的利器——图表】。

小白：大神，我需要你的帮助！

Mr.E：怎么了？

小白：王总让我做一份报表，我很快就完成了。本以为王总会夸我呢，没想到又给我指出了问题，说我的图表做得不够美观！要重做！你快教教我吧！

Mr.E：这么回事啊，别着急。虽然说Excel给我们提供了很多图表的模板，但不是都适合展示你的数据，而且图表格式都是默认的，并不是很美观，需要自己去编辑和美化。接下来我们就学习一下，如何制作出让领导满意的图表。

9.1 图表，让数据更直观

图表在数据分析中起着非常重要的作用，本节将从选择最合适的图表、创建图表、编辑图表、美化图表等几个方面介绍一下专业图表的制作过程。

9.1.1 选择最合适的图表

Excel 提供了 17 类图表类型，包括柱形图、折线图、饼图、条形图、面积图、XY 散点图、

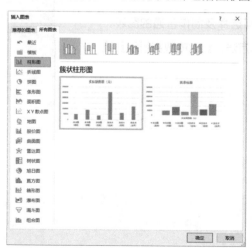

地图、股价图、曲面图、雷达图、树状图、旭日图、直方图、箱形图、瀑布图、漏斗图、组合图，如左图所示。

在每个大类下面还包含多个子类，面对如此多的图表类型究竟该如何选择呢？图表类型的选择与数据形式及分析目的有关，我们应该根据数据形式或分析目的的不同选用合适的图表。

下面分别介绍几种常用图表的适用场合。

1. 显示数据变化或相对大小：柱形图

柱形图是最常用的图表类型之一，它由一个个垂直柱体组成，主要用于显示不同时期的数量变化情况或同一时期内不同类别之间的差异。

月份	实际销售额(元)	计划销售额（元）	差额（元）
1月	112572	190000	77428
2月	119383	190000	70617
3月	145370	190000	44630
4月	171251	190000	18749
5月	185987	190000	4013
6月	147779	190000	42221

▲ 产品销售数据

例如，根据产品销售数据分别制作簇状柱形图、堆积柱形图和百分比堆积柱形图，三个图主要表现销售额维度的不同。簇状柱形图侧重于比较不同月份的实际销售额大小；堆积柱形图侧重于比较实际销售额与计划销售额在各月的对比情况，其中柱条的总高度代表计划销售额；百分比堆积柱形图侧重于显示实际销售额和计划完成的差额占计划销售额的百分比随月份变化的情况，每个柱条的总值为 100%。

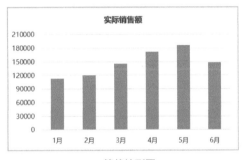

▲ 簇状柱形图

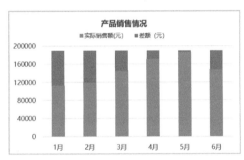

▲ 堆积柱形图

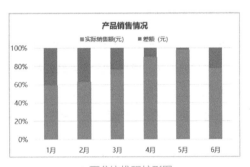

▲ 百分比堆积柱形图

2. 显示变化趋势：折线图

折线图是用来显示数据随时间的变化趋势的图表。通过折线图的线条波动，可以判断出数据在一段时间内是呈上升还是下降趋势，数据的变化是平稳的还是波动的。

折线图的 x 轴只能是时间，而不是类别。更强调的是时间性和变动趋势，而不是变动量。

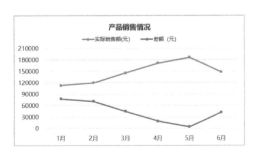

3. 比较各项目所占份额：饼图

饼图主要是用于显示数据系列中各项目所占份额或组成结构的图表。下面左图即是一张显示各月销售额占总销售额比例的饼图。

如果要分析多个系列的数据中每个数据占各自数据系列的份额，可以使用圆环图。

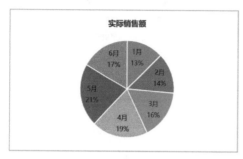

▲ 饼图

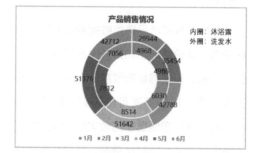

▲ 圆环图

4. 与排名相关的数据：条形图

条形图由一个个水平条组成，主要突出数据的差异而淡化时间和类别的差异。如果按从低到高的顺序进行排序，就可以一目了然地看到数据的最大值和最小值，非常直观。

比起柱形图，条形图的优势是分类轴在纵坐标轴上，当展示的项目较多或项目名称较长时，可以充分利用垂直方向的空间，不会太拥挤。

当对实际销售额数据按照升序排序后，做出的条形图如下图所示。

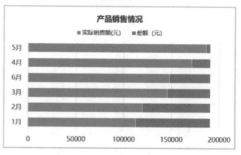

▲ 条形图

5. 强调数据随时间的变化幅度：面积图

面积图可以说是折线图的升级，除了体现项目随时间的变化趋势外，还体现了部分与整体的占比关系。通过面积图读者可以清晰地看到单独各部分的变动，同时也可以看到总体的变化情况，从而进行多维度分析。根据不同产品销量做出的面积图如右图所示。

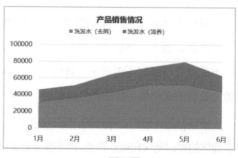

▲ 面积图

6. 显示变量之间的相关性：XY 散点图

散点图适于展现两组数据之间的相关性，一组数据作为横坐标，另一组数据作为纵坐标，从而形成坐标系上的位置。通过观察数据点在坐标系上的分布位置，可以分析两者之间是否存在关联。散点图是用于体现数据之间相关性的图表，在数据分析中的出镜率也是非常高的。

下面左图是根据职工人数和单位产量创建的不同职工人数对应的单位产量的散点图。

7. 倾向分析和把握重点：雷达图

雷达图用于显示数据系列相对于中心点及彼此数据系列间的变化，是将多个数据的特点以蜘蛛网的形式展现出来的图表，多用于倾向分析和把握重点，如下面右图所示。

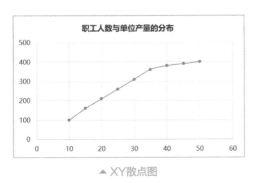

▲ XY散点图

▲ 雷达图

8. 表达层级关系和比例构成：旭日图

旭日图也称为太阳图，其实是一种圆环镶接图，每一个圆环代表了同一级别的比例数据，离原点越近的圆环级别越高，最内层的圆表示层次结构的顶级。

旭日图看起来与圆环图相似，但其实是有区别的。旭日图可以表达清晰的层级和归属关系，适用于展现有父子层级维度的比例构成情况，便于进行细分溯源分析，帮助用户了解事物的构成情况。如右图所示。

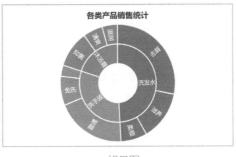

▲ 旭日图

9. 查看各区间数据的分布情况：直方图

直方图用来展示数据在不同区间的分布情况。它由一系列宽度相等、高度不等的长方形组成，长方形的宽度表示数据范围的间隔，长方形的高度表示在给定间隔内的数据数值。

例如将员工绩效成绩，按区间制成的直方图如右图所示。

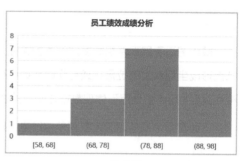
▲ 直方图

9.1.2 创建图表的方法

图表的创建是基于数据的，有数据才有图表。根据数据的不同，创建图表的方法主要分为以下两种：（1）以数据区域的所有数据创建图表；（2）以选定的部分数据区域创建图表。下面我们以具体实例分别介绍创建图表的两种方式。

1. 以数据区域的所有数据创建图表

当用于创建图表的数据是工作表中连续区域的数据时，用户只需单击数据区域的任意一个单元格，然后插入图表即可。具体步骤如下。

配套资源
第 9 章 \ 产品销售汇总表—原始文件
第 9 章 \ 产品销售汇总表—最终效果
扫码看视频

Step1 打开本实例的文件"产品销售汇总表—原始文件"，单击数据区域的任意一个单元格，切换到【插入】选项卡，在【图表】组中单击【插入柱形图或条形图】按钮 ▮▮·。

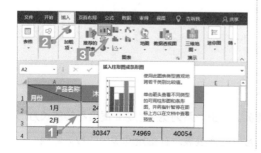

Step2 在弹出的下拉列表中选择一种合适的图表类型，例如选择【簇状柱形图】选项。

Step3 在当前工作表中插入一个簇状柱形图，如下图所示。

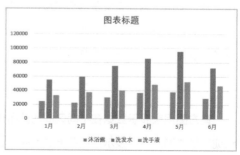

2. 选定部分数据，创建图表

如果用于创建图表的数据是数据区域的一部分数据时，需要先选中作为图表数据源的部分数据，然后插入图表。具体步骤如下。

配套资源
第9章\产品销售汇总表01—原始文件
第9章\产品销售汇总表01—最终效果

Step1 打开本实例的原始文件，下面只为6月的数据创建图表。选中单元格区域B1:D1和单元格区域B7:D7。

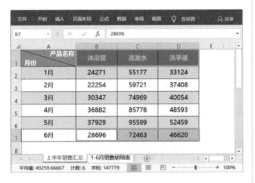

Step2 切换到【插入】选项卡，单击【图表】组右侧的对话框启动器按钮 。

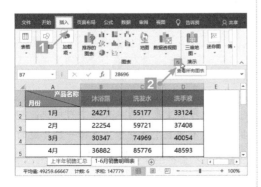

Step3 弹出【插入图表】对话框，系统默

认切换到【推荐的图表】选项卡，并根据选中的数据区域推荐合适的图表，可以从中选择一种需要的图表类型。

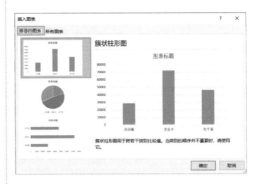

Step4 如果系统推荐的图表中没有需要的图表类型，可以切换到【所有图表】选项卡，从中选择一种合适的图表类型。

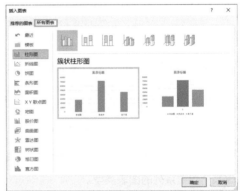

Step5 单击【确定】按钮，返回工作表，即可看到根据选定的部分数据创建的图表。

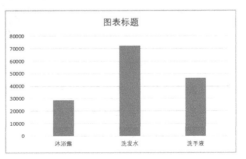

9.1.3 编辑图表

图表创建完成后，可以按照实际需求对图表进行恰当的编辑。下图所示为图表的元素构成。

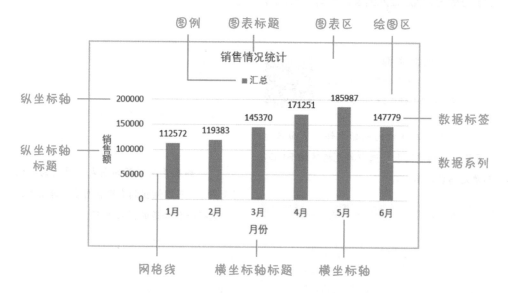

了解了图表的构成元素，接下来就具体介绍一下各图表元素的编辑方法。

1. 更改图表类型

图表类型的更改可以分为两种情况：一种是更改整个图表的图表类型，另一种是更改某个数据系列的图表类型。

■ **更改整个图表的图表类型。**

配套资源
第9章 \ 产品销售汇总表03—原始文件
第9章 \ 产品销售汇总表03—最终效果

Step1 打开本实例的文件"产品销售汇总表03—原始文件"，选中图表，切换到【图表工具】的【设计】选项卡，单击【类型】组中的【更改图表类型】按钮。

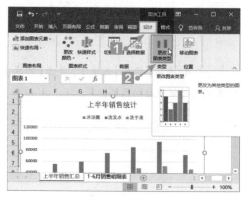

Step2 弹出【更改图表类型】对话框，切换到【所有图表】选项卡，选择一种合适的图表类型，例如选择【折线图】。

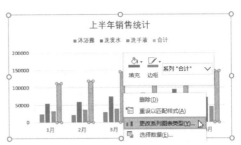

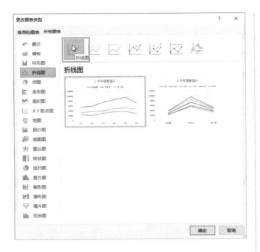

Step3 单击【确定】按钮，返回工作表即可看到更改后的图表类型。

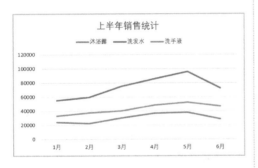

■ **更改某个数据系列的图表类型。**

在有些情况下，由于数据的差异，需要把图表的某个数据系列设置为另外一种图表类型。

配套资源
第9章\产品销售汇总表04—原始文件
第9章\产品销售汇总表04—最终效果

扫码看视频

Step1 打开本实例的文件"产品销售汇总表04—原始文件"，选中要更改图表类型的系列，这里选中【合计】系列，单击鼠标右键，在弹出的快捷菜单中单击【更改系列图表类型】选项。

Step2 弹出【更改图表类型】对话框，切换到【所有图表】选项卡，在【为您的数据系列选择图表类型和轴】列表框中，单击【合计】系列右侧的下拉按钮，在弹出的列表中选择合适的图表类型。本处将【合计】系列的图表类型改为【折线图】，其他系列保持不变。

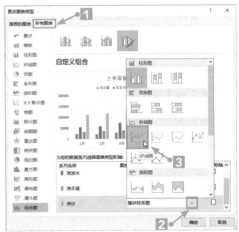

Step3 单击【确定】按钮，返回工作表，即可看到更改后的图表类型变化，效果如下图所示。

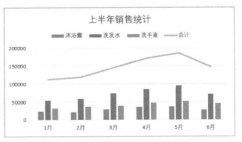

Tips!

在本案例图表中的数据既有各类型产品的销售额，也有合计销售额。显然，各类型产品的销售额之间是有对比性的，但是它们与合计销售额没什么可比性，不过可以通过此方法查看合计销售额的变化趋势。

因此，建议保持各产品数据系列的图表类型不变，仍为柱形图，便于进行对比分析；将合计销售额的图表类型更改为折线图，便于查看数据变化趋势并与其他数据系列进行区分。

2. 编辑数据系列

图表创建完成后，如果想要增加或减少数据系列，该怎么办呢？将图表删除，重新创建吗？当然不用，这样太麻烦了。给已经创建好的图表增加数据系列主要有 3 种方式：重新选择数据源法、复制粘贴法和拖曳扩展区域法。下面我们分别介绍。

■ **重新选择数据源法。**

	配套资源
	第 9 章 \ 产品销售汇总表 05—原始文件
	第 9 章 \ 产品销售汇总表 05—最终效果

扫码看视频

Step1 打开本实例的文件"产品销售汇总表 05—原始文件"，选中图表，切换到【图表工具】的【设计】选项卡，在【数据】组中单击【选择数据】按钮。

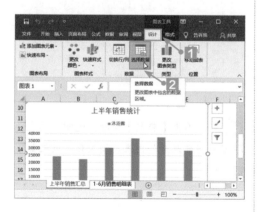

Step2 弹出【选择数据源】对话框，可以看到【图表数据区域】文本框中的数据区域默认处于选中状态。

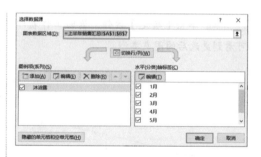

Step3 在数据源工作表中直接重新选择新的数据源，例如选择数据区域 A1:D7，即可看到【选择数据源】对话框中的【图表数据区域】随之发生改变。

	A	B	C	D	E
1	月份	沐浴露	洗发水	洗手液	合计
2	1月	24271	55177	33124	112572
3	2月	22254	57271	37408	119383
4	3月	30347	74969	40054	145370
5	4月	36882	85776	48593	171251
6	5月	37929	95589	52459	185987
7	6月	28696	72463	46620	147779

上半年销售汇总　1-6月销售明细表

Step4 选择完毕，单击【确定】按钮，返回工作表，即可看到图表效果如下图所示。

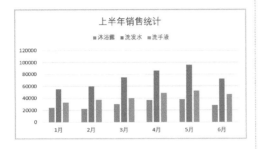

■ **复制粘贴法。**

配套资源	
第9章\产品销售汇总表06—原始文件	
第9章\产品销售汇总表06—最终效果	

扫码看视频

Step1 打开本实例的文件"产品销售汇总表06—原始文件"，在工作表中选中需要添加的数据区域，此处选中数据区域C1:D7，按【Ctrl】+【C】组合键进行复制。

Step2 选中图表，按【Ctrl】+【V】组合键进行粘贴，即可将选择的C1:D7中的数据添加到图表的数据源中，效果如下图所示。

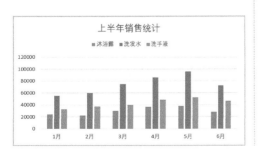

■ **拖曳扩展区域法。**

配套资源	
第9章\产品销售汇总表07—原始文件	
第9章\产品销售汇总表07—最终效果	

扫码看视频

Step1 打开本实例的文件"产品销售汇总表07—原始文件"，选中图表，即可在数据源区域看到图表当前的引用区域，在本案例中当前被引用的区域为A1:B7。

Step2 将鼠标指针移动到引用数据源区域右下角的填充柄上，鼠标指针变成双向斜箭头形状时，按住鼠标右键向右拖曳鼠标指针到单元格D7。

Step3 释放鼠标，即可看到图表新增加了两个数据系列，效果如下页图所示。

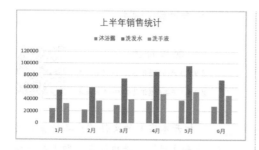

减少数据系列的方法很简单，用户只需选中（在某个数据系列上单击即可选中）需要删除的数据系列，按【Delete】键即可。操作很简单，这里不做过多讲述。

3. 编辑图表标题

图表创建完成后都会自带图表标题，只需重新修改内容即可，如果不小心将其删除了，可以重新添加，具体操作步骤如下。

配套资源
第9章\产品销售汇总表08—原始文件
第9章\产品销售汇总表08—最终效果

扫码看视频

Step1 打开本实例的文件"产品销售汇总表08—原始文件"，选中图表，切换到【图表工具】栏的【设计】选项卡，在【图表布局】组中单击【添加图表元素】按钮 添加图表元素 。

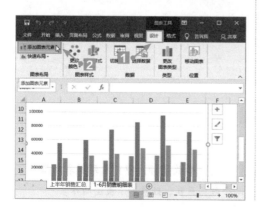

Step2 在弹出的下拉列表中选择【图表标题】▶【图表上方】选项。

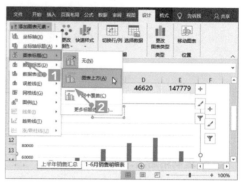

Step3 返回工作表，即可看到添加图表标题后的效果。

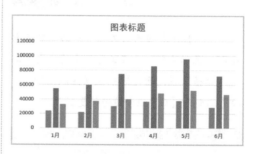

Step4 单击图表标题，使其处于选中状态，此时其周围会出现一个实线框。

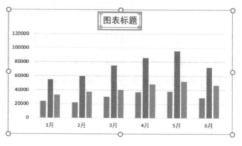

Step5 在实线框内再次单击鼠标左键，实线框变为虚线框，即可进行文本的编辑。

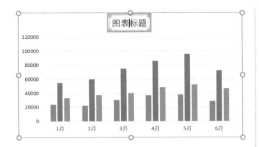

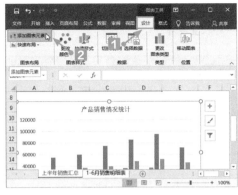

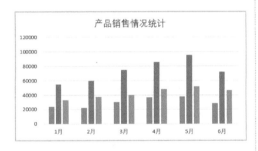

Step6 标题更改完成后单击其他任意位置即可。需要注意的是不能按【Enter】键，否则就会强行将标题换行。

Step2 在弹出的下拉列表中选择【图例】，在其级联菜单中给出了4个不同位置的图例选项，单击任意一个选项即可在指定的位置插入图例，这里我们选择【顶部】选项。

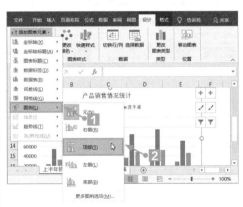

4. 编辑图例

图例是由文本和标识组成的，用来区别图表的不同系列。但是也不是所有的图表都需要图例，例如单系列的图表就不需要图例，因为它只有一个系列，不需要区分。

一般情况下，图表上默认都是带有图例的，如果不小心删除了，可以重新添加并移动位置。具体的操作步骤如下。

Step3 在顶部插入图例的效果如下图所示。

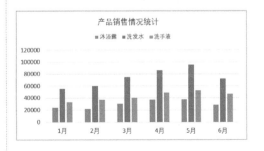

配套资源

第9章\产品销售汇总表09—原始文件

第9章\产品销售汇总表09—最终效果

扫码看视频

Step1 打开本实例的文件"产品销售汇总表09—原始文件"，选中图表，切换到【图表工具】栏的【设计】选项卡，在【图表布局】组中单击【添加图表元素】按钮。

Step4 如果想要更换图例的位置，再次单击【添加图表元素】按钮，在弹出

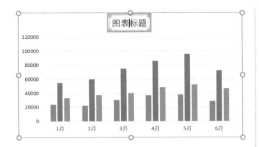

的下拉列表中选择【图例】选项，然后选择一个位置即可。

Step5 如果添加图例的位置不是系统默认的 4 个位置，可以将鼠标指针移动到图例边框上，鼠标指针即变为可移动状态的形状。

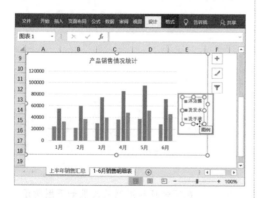

Step6 按住鼠标左键拖曳鼠标指针，将图例移动到合适的位置后，释放鼠标左键即可。

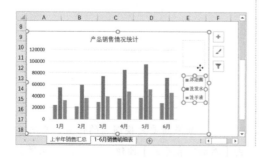

Step7 如果要调整图例的大小。单击选中图例，其边框上会出现 8 个控制点，拖动任意一个控制点即可调整图例的大小（如果图例中的文本不能全部显示，Excel 会以列显示或者自动换行）。

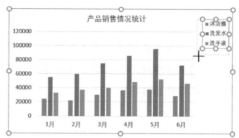

5. 添加坐标轴标题

除了饼图和圆环图外，其他的标准图表一般至少有两个坐标轴：横轴和纵轴。如果再加上次坐标轴，则可能有 3 个或者 4 个坐标轴。

创建的图表默认是没有坐标轴标题的，为了使两个坐标轴的意义更明确，可以为其添加标题，具体操作步骤如下。

配套资源
第 9 章 \ 产品销售汇总表 10—原始文件
第 9 章 \ 产品销售汇总表 10—最终效果
扫码看视频

Step1 打开本实例的文件"产品销售汇总表 10—原始文件"，选中图表，切换到【图表工具】栏的【设计】选项卡，在【图表布局】组中单击【添加图表元素】按钮 添加图表元素，在弹出的下拉列表中选择【坐标轴标题】▷【主要纵坐标轴】，如下页图所示。

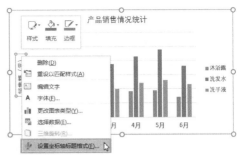

Step2 操作完成后即可在图表左侧添加纵坐标轴标题，效果如下图所示。

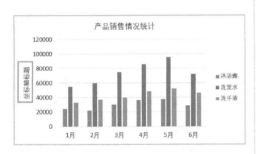

Step3 添加的坐标轴标题是默认的"坐标轴标题"，需要将其手动修改为具体的标题文字。双击纵坐标轴标题，输入标题内容"销售额（元）"，效果如下图所示。

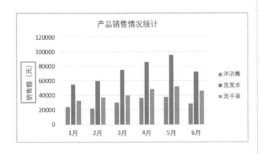

Step4 可以看到，新添加的纵坐标轴标题文字方向不便于阅读，建议将文字方向设置为竖排。在标题上单击鼠标右键，在弹出的快捷菜单中单击【设置坐标轴标题格式】选项。

Step5 弹出【设置坐标轴标题格式】任务窗格，在【对齐方式】下单击【文字方向】右侧的下拉按钮，在弹出的下拉列表中选择【竖排】。

Step6 设置完成后，可以看到纵坐标轴标题文字变成竖排，效果如下图所示。

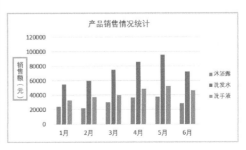

6. 添加数据标签

在新创建的图表中，默认是没有数据标签的，为了显示数据系列的具体信息，可以为其添加数据标签。具体操作步骤如下。

配套资源
第9章\产品销售汇总表11—原始文件
第9章\产品销售汇总表11—最终效果

Step1 打开本实例的文件"产品销售汇总表11—原始文件"，选中图表，切换到【图表工具】栏的【设计】选项卡，在【图表布局】组中单击【添加图表元素】按钮 添加图表元素·，在弹出的下拉列表中选择【数据标签】选项。

Step2 在【数据标签】级联菜单中，系统默认给出了数据标签的几个位置，这里我们选择【最佳匹配】，添加数据标签后的效果如下图所示。

Step3 添加的数据标签默认都是系列的数值，但是某些情况下需要的并不是数值，例如在饼形图中更需要的是百分比。在任意一个数据标签上单击鼠标右键，在弹出的快捷菜单中单击【设置数据标签格式】选项。

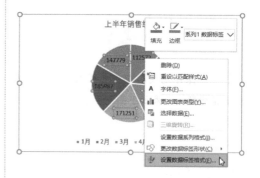

Step4 弹出【设置数据标签格式】任务窗格，在【标签选项】下的【标签包括】组中取消选中【值】复选框，选中【类别名称】和【百分比】复选框，单击【分隔符】文本框右侧的下拉按钮，在下拉列表中选择【新文本行】选项，其他保持默认不变。

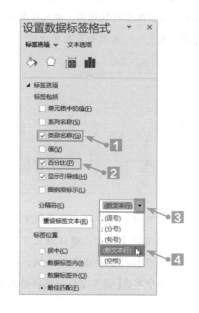

Step5 设置完成后，图表中已添加了新的数据标签，较先前更加清晰明了。

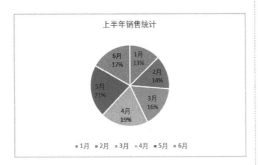

7. 添加趋势线

在有时间序列的数据分析中，适当添加趋势线可以清晰地反映出数据的波动及预测走势，帮助用户分析目前的经营状态，分析波动原因，制定策略。具体操作步骤如下。

配套资源
第9章\产品销售汇总表12—原始文件
第9章\产品销售汇总表12—最终效果

扫码看视频

Step1 打开本实例的文件"产品销售汇总表12—原始文件"，选中图表，切换到【图表工具】栏的【设计】选项卡，在【图表布局】组中单击【添加图表元素】按钮 添加图表元素，在弹出的下拉列表中选择【趋势线】选项。

Step2 在【趋势线】级联菜单中，系统默认给出了几种类型的趋势线，用户可以根据当前的图表选择合适的趋势线类型。这里选择【其他趋势线选项】，弹出【设置趋势线格式】任务窗格，在【趋势线选项】组中选中【多项式】单选钮，【阶数】设置为【6】，其他保持默认不变。

Step3 设置完毕即可看到添加了趋势线的图表，如下图所示。

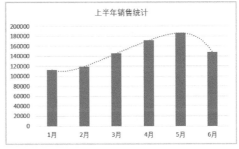

趋势线类型的选择要根据当前图表的实际情况来定，虽然本案例中项目较少，但是可以明显看出数据波动较大，适用多项式趋势线。

职场经验

图表中各种趋势线的用法

① 指数: 主要用于持续增长或减少, 且幅度越来越大的数据, 如成长型公司年度销售额分析。

② 线性: 主要用于线条比较平稳, 关系稳定, 近乎直线的预测, 如入店率和人流量关系分析。

③ 对数: 主要用于一开始趋势变化比较快, 后来逐渐平缓的数据, 如市场占有率增量与时间序列关系。

④ 多项式: 主要用于波动较大的图形, 如股票价格分析。

⑤ 乘幂: 主要用于持续增长或减少的, 幅度并不特别大的分析, 如火车加速度和时间对比。

⑥ 移动平均: 不具备预测功能。

9.1.4 格式化图表

图表创建及简单编辑后, 并不能作为最终的呈现结果, 要想让图表既美观又易读, 还需要对其进行格式化处理。图表的格式化操作包括: 保证图表的完整性、设置图表字体格式、调整纵坐标轴间距、调整数据系列对应图形宽度、设置数据标签格式、合理搭配图表颜色等。

1. 保证图表的完整性

图表作为数据可视化的利器, 要想用来完整地表达信息, 首先要保证其元素的完整性。一张完整的图表必须包含以下基本元素: 图表标题、数据系列、图例、坐标轴、数据单位。

例如, 下面左图所示的图表因为缺少必要的图表元素, 不知道图表要表达的信息是什么。当为图表添加上图表标题和纵坐标轴标题后, 图表要表达的信息就清楚明了。

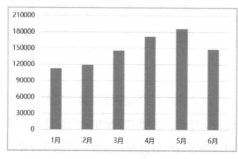

▲ 残缺的图表

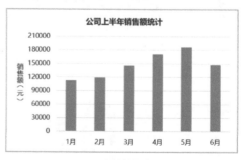

▲ 完整的图表

用户还可以根据具体需求，为图表添加数据标签、趋势线等元素，使其数据展示的效果更好。关于添加图表元素的具体步骤在 9.1.3 小节中已经介绍过，这里不再赘述。

2. 设置图表字体格式

图表中默认的字体都是等线体，标题字号是 14 号，绘图区字号是 9 号。等线体相对来说线条比较纤细，为了得到更好的视觉效果，我们更习惯将字体设置为微软雅黑等线条相对粗一点的字体，同时将绘图区字号设置为 10 号，为了更加强调标题内容，可以将标题字体加粗。

图表中字体的设置与单元格中字体的设置一样，都是通过【开始】选项卡中的【字体】菜单实现的。这里需要注意的是，如果选中整张图表进行字体设置，就会把图表上所有元素的字体设置为同一字体。具体的操作步骤如下。

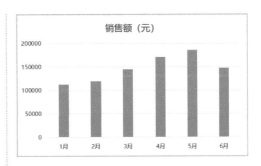

配套资源	
第9章 \ 产品销售汇总表13—原始文件	
第9章 \ 产品销售汇总表13—最终效果	

扫码看视频

Step1 打开本实例的文件"产品销售汇总表13—原始文件"，选中图表，切换到【开始】选项卡，在【字体】组中的【字体】下拉列表中选择【微软雅黑】选项。

Step2 图表中所有文字和数字的字体都被设置为微软雅黑。

Step3 如果想单独设置某个图表元素的字体格式，需要选中指定的图表元素，然后通过【开始】选项卡中的【字体】菜单进行设置。这里选中纵坐标轴，切换到【开始】选项卡，在【字体】组中的【字号】下拉列表中选择【10】选项。

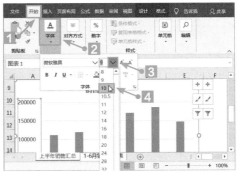

Step4 选中横坐标轴，切换到【开始】选项卡，在【字体】组中的【字号】下拉列表中选择【10】选项。

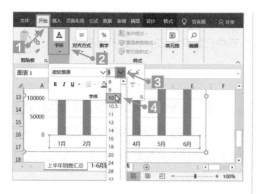

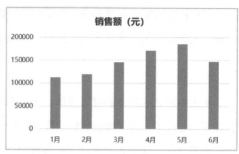

Step5 设置完成后，坐标轴的字号都变成了 10 号。

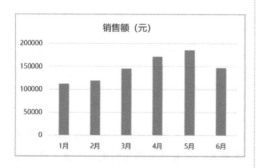

Step6 如果要将图表标题的字体加粗，选中图表标题，切换到【开始】选项卡，单击【字体】组中的【加粗】按钮 B。

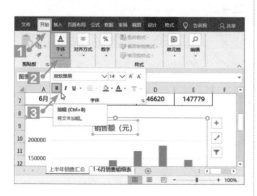

Step7 将图表标题的字体进行加粗设置后，最终效果如右上图所示。

3. 调整纵坐标轴间距

图表纵坐标轴的间距可以自行设置，但是设置得不合理就会影响图表的数据展示效果。如果间距过小，数据堆在一块，会影响美观性；如果间距过大，不便于阅读数值，也会影响阅读效果。因此，应该将纵坐标轴间距调整到最合适的宽度。具体步骤如下。

配套资源
第 9 章 \ 产品销售汇总表 14—原始文件
第 9 章 \ 产品销售汇总表 14—最终效果

扫码看视频

Step1 打开本实例的文件"产品销售汇总表 14—原始文件"，可以看到图表纵坐标轴的间隔很小。选中纵坐标轴，单击鼠标右键，在弹出的快捷菜单中单击【设置坐标轴格式】选项。

Step2 弹出【设置坐标轴格式】任务窗格，在【坐标轴选项】中进行设置，本案例图表的坐标轴单位（即数值间隔）分别是10000和2000。

Step3 为了使图表美观易读，建议将其数据间隔调大，这里将【单位】组的【大】调整为30000，【小】自动更新为6000，如下图所示。

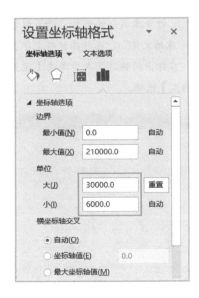

Step4 设置完成后按【Enter】键，可以看到纵坐标轴的间距变大了，效果如下图所示。

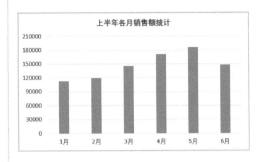

4. 设置数据系列对应图形的宽度

在柱形图和条形图中，柱或条的宽度是由间隙来控制的，间隙越大，柱或条越窄，反之则越宽。因此，用户可以通过调整间隙来控制图形的宽度，以实现图表的美观性。下面以柱形图为例，介绍一下具体的操作步骤。

配套资源
第9章\产品销售汇总表15—原始文件
第9章\产品销售汇总表15—最终效果

Step1 打开文件"产品销售汇总表15—原始文件"，可以看到柱形图的柱体太窄，不美观。单击数据系列的任意一个柱体选中整个数据系列，单击鼠标右键，在弹出的快捷菜单中单击【设置数据系列格式】选项。

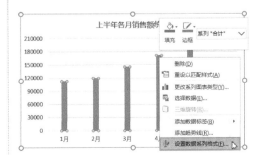

Step2 弹出【设置数据系列格式】任务窗格，在【系列选项】中可以看到本案例图表的【间隙宽度】为 500%。

Step3 由于间隙宽度设置得太大，柱形图的柱体太窄，看起来不美观。这里将【间隙宽度】调小为 250%。

Step4 设置完成后按【Enter】键，可以看到图表的效果如右上图所示。

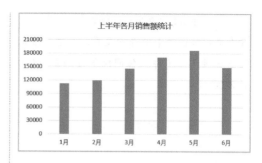

5. 设置数据标签格式

数据标签是数据系列的一项重要的元素，它可以帮助读者更清晰地了解图表中的数值大小和比例关系等。

数据标签除了可以设置标签选项，还可以设置数字格式。例如在展示销售额数据的图表中，可以将数据标签设置成货币格式，这样可以更清楚地展示汇总数据的类型。具体操作步骤如下。

配套资源
第9章 \ 产品销售汇总表16—原始文件
第9章 \ 产品销售汇总表16—最终效果

Step1 打开本实例的文件"产品销售汇总表16—原始文件"，在数据标签上单击鼠标右键，在弹出的快捷菜单中单击【设置数据标签格式】选项。

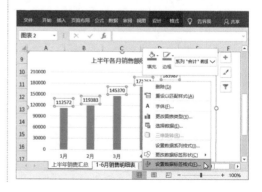

Step2 弹出【设置数据标签格式】任务窗格，可以看到在【标签选项】中提供了多个标签包含的信息和标签位置，用户可以根据需求进行设置。在本案例中，保持默认设置。

Step3 要设置数字格式为货币格式，单击【数字】组中的【类别】文本框下拉按钮，在弹出的下拉列表中选择【货币】即可。

Step4 将【小数位数】设置为 0，其他保持默认，如下图所示。

Step5 设置完成后，关闭【设置数据标签格式】任务窗格，可以看到数据标签的设置效果如下图所示。

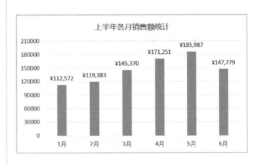

6. 合理搭配图表颜色

新创建的 Excel 图表默认都有一个灰色的实线边框，图表区域的背景是白色，整个图表的颜色主要是数据系列的颜色，而数据系列是图表的主体。

一般情况下，图表与汇总表在一个工作表中，如果表格有填充背景颜色，建议图表的颜色与表格的颜色一致，这样整体视觉上也会更加协调。

调整图表颜色的方式主要有两种，一种是采用系统提供的预设颜色，另一种是用户自定义。下面先介绍一下采用系统提供的预设颜色的具体步骤。

配套资源
第9章\产品销售趋势分析表—原始文件
第9章\产品销售趋势分析表—最终效果

Step1 打开本实例的文件"产品销售趋势分析表—原始文件"，选中图表，切换到【图表工具】栏的【设计】选项卡，在【图表样式】组中单击【更改颜色】按钮。

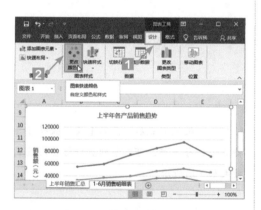

Step2 在弹出的下拉列表中选择【单色调色板1】，因为本案例中表格标题的填充颜色为蓝色，所以图表数据系列的颜色也选择蓝色系。

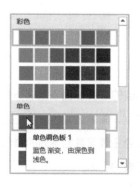

Step3 图表颜色更改为单色调色板1的效果如下图所示。

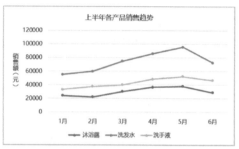

Tips!

在使用系统预设的调色板来设置图表颜色时，无论选中的是整个图表还是某个数据系列，系统默认改变的都是所有数据系列的颜色。

如果系统提供的预设颜色无法满足需求，可以自定义更改图表颜色，具体操作步骤如下。

配套资源
第9章\产品销售趋势分析表01—原始文件
第9章\产品销售趋势分析表01—最终效果

Step1 打开本实例的文件"产品销售趋势分析表01—原始文件"，在需要更改颜色的数据系列上单击鼠标右键，在弹出的快捷菜单中单击【设置数据系列格式】选项。

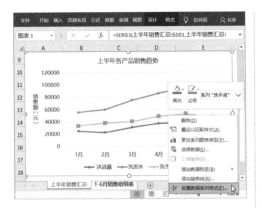

Step2 弹出【设置数据系列格式】任务窗格，在【线条】组中单击【颜色】右侧的下拉按钮，在弹出的下拉列表中选择一种合适的颜色。如果主题颜色和标准色中没有合适的颜色，可以单击【其他颜色】选项。

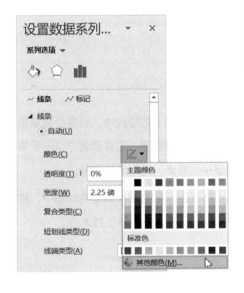

Step3 弹出【颜色】任务窗格，切换到【自定义】选项卡，根据需要调整 R、G、B 的数值，选择需要的颜色。

Step4 设置完毕，单击【确定】按钮，返回工作表，即可看到效果如下图所示。

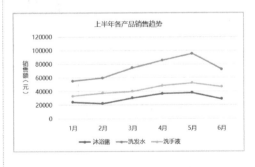

　　数据点的颜色设置与上述步骤相同，这里不再赘述。

9.1.5　让图表更专业的 6 个技巧

1. 做图前先排序

　　图表是根据数据来创建的，因此图表中数据系列的顺序也默认与数据的顺序一致。很多时候，在创建图表之前，可以对数据先排序，这样创建出来的图表也比较有规律性，更适合阅读。尤其是在条形图中，参差不齐的图形容易让读者产生混乱。根据员工上半年的销售额创建的条形图，未进行排序的效果如下图所示。

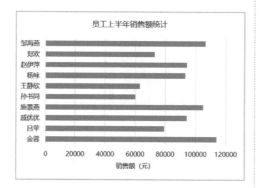

对数据进行排序后制作的图表看起来更专业，具体的操作步骤如下。

Step1 打开文件"员工销售额统计表—原始文件"，选中销售额列任意一个有数据的单元格，切换到【数据】选项卡，单击【排序和筛选】组中的【升序】按钮。

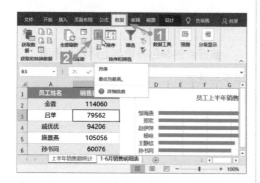

Step2 表格中的数据按照升序排列后，图表中的数据系列相应地也按照升序排列，效

果如下图所示。

员工姓名	销售额(元)
孙书同	60076
王静欣	62919
郑欢	72782
吕苹	79562
杨咏	93051
赵伊萍	94102
戚优优	94206
施景燕	105056
邹海燕	106528
金蓉	114060

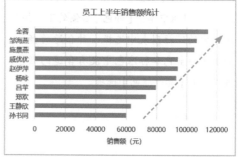

2. 重点突出一个数据

在创建图表的过程中，经常会需要重点突出某个关键数据，这样读者可以一眼看出图表中的重点，提高阅读效率。

下图所示的各产品销量统计图中，柱形高低交错，很难一眼看出最大值。

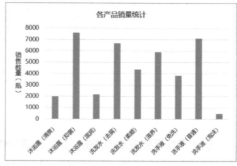

突出数据常用的方式是更改某个数据点的填充颜色或者为其添加数据标签。具体操作步骤如下。

配套资源
第9章＼热销产品统计表—原始文件
第9章＼热销产品统计表—最终效果
扫码看视频

Step1 打开本实例的文件"热销产品统计表—原始文件"，在销量最大的【沐浴露（抑菌）】柱体上单击两次鼠标左键，使其处于选中状态，然后单击鼠标右键，在弹出的快捷菜单中单击【设置数据点格式】选项。

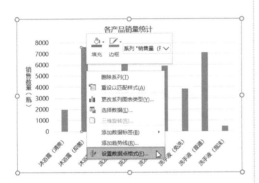

Step2 弹出【设置数据点格式】对话框，在【填充】组中单击【颜色】右侧的下拉按钮。

Step3 在弹出的下拉列表中选择一种能够突出显示数据并且与系列颜色不同的颜色，这里选择【橙色，个性色2】。

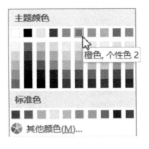

Step4 设置完成后，图表的显示效果如下图所示。

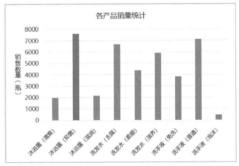

Step5 在填充颜色的基础上，还可以给重点数据添加数据标签。依旧单击两次鼠标左键，选中销量最大的柱体【沐浴露（抑菌）】，单击图表右上角的【图表元素】按钮。

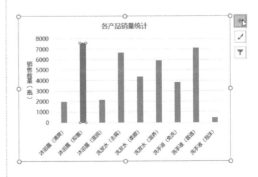

Step6 在弹出的下拉列表中选择【数据标

签】➤【数据标签外】。

Step7 设置完成后，图表的最终显示效果如下图所示。

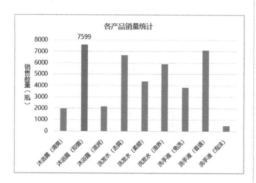

这样的图表可以让人一眼看出众多产品中销量最高的产品及最高销量的数值。

3. 用箭头替换数据条

在使用柱形图表现数据时，如果要体现数据持续增长的好势头，使用向上的箭头形状取代图表中的数据条更能展示数据的正向增长，数据展示的效果也会更好。

下面演示一下具体的操作步骤。

Step1 打开本实例的文件"近几年销售额统计表—原始文件"，切换到【插入】选项卡，在【插图】组中单击【形状】按钮，在弹出的下拉列表中选择【箭头总汇】组中的【箭头：上】，如下图所示。

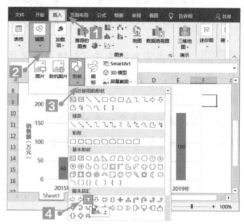

Step2 在工作表的空白区域单击鼠标左键，即可绘制一个上箭头，如下图所示。

Step3 在【绘图工具】栏选项卡下的【形状样式】组中单击【形状填充】按钮右侧的下三角按钮，在弹出的下拉列表中选择合适的颜色并尽量与图表颜色一致，这里选择【蓝色，个性色1】。

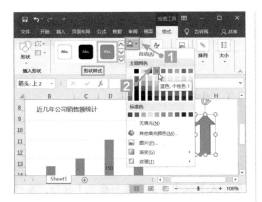

Step4 单击【形状轮廓】按钮 ✎▾ 右侧的下三角按钮,将轮廓颜色设置为同样的【蓝色,个性色1】。

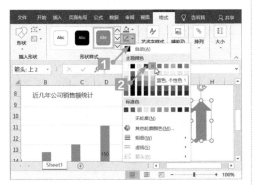

Step5 设置完成后,按【Ctrl】+【C】组合键复制插入的箭头,然后选中数据系列按【Ctrl】+【V】组合键,即可将图表中的数据条替换为向上的箭头,如下图所示。

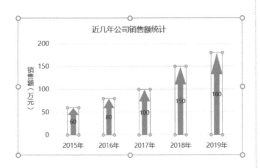

Step6 复制过来的箭头比较细,为了美观

性,可以在【设置数据系列格式】任务窗格中将【间隙宽度】调小为100%。

Step7 设置完成后,图表的最终显示效果如下图所示。

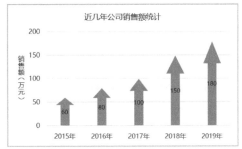

4. 将小图标应用到图表

Excel中插入的图表,默认的元素线条都比较简单。为了让图表更加活泼生动,可以将图表元素更换为具有代表意义的小图标。例如,在分析人事数据时,可以将数据系列更换为分别表示男性和女性的小人图标,这样在对比男女数据时一目了然,不易混淆。

下面我们就介绍一下具体的操作步骤。

Step1 打开本实例的文件"各部门男女人数分析表—原始文件"，首先在工作表中插入两个小人图标。切换到【插入】选项卡，在【插图】组中单击【图标】按钮。

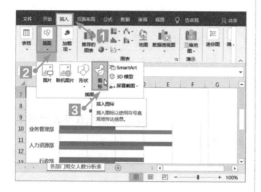

Step2 弹出【插入图标】对话框，在左侧列表框中单击【人】选项，在右侧图标列表中选择两个分别代表男性和女性的小图标，如下图所示。

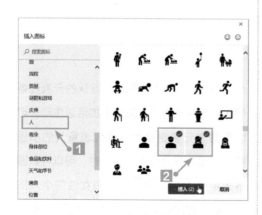

Step3 单击【插入】按钮，即可在工作表中插入选中的两个小人图标，默认为黑色。

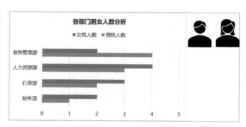

Step4 选中代表男性的小人图标，切换到【图形工具】栏的【格式】选项卡，在【图形样式】组中单击【图形填充】按钮，在弹出的下拉列表中选择需要的颜色，这里选择【蓝色，个性色1】。

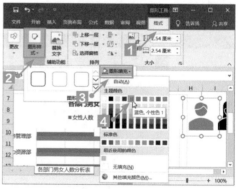

Step5 同样的方式，将代表女性的小人图标填充为【橙色，个性色2】。

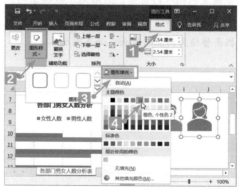

Step6 填充完成后，选中代表男性的蓝色小人图标，按【Ctrl】+【C】组合键复制图标，然后选中代表男性的数据系列，按【Ctrl】+【V】组合键，即可将小人图标应用到数据条中。

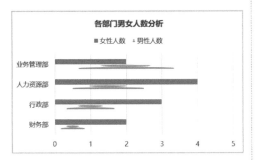

Step7 由于默认的填充效果是伸展，只显示一个图标。在数据系列上单击鼠标右键，在弹出的快捷菜单中单击【设置数据系列格式】选项，在弹出的【设置数据系列格式】任务窗格中，将填充效果设置为【层叠】。

Step8 设置完成后，效果如下图所示。

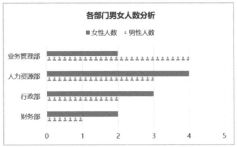

Step9 按照上述同样的方式，将代表女性的小人图标应用到代表女性的数据系列中，最终图表效果如下图所示。

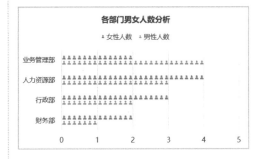

5. 建立双轴复合图表

在数据分析报告中，有时需要在一张图表中同时反映多种类型数据的变化情况。例如在分析公司近几年的经营状况时，只分析销售额的变化无法反映问题，还要参考其他的因素，做整体的评估，如销售额增长率等。

下图是利用销售额和增长率制作的柱形图，在两个数据系列共用一个坐标轴的情况下，增长率由于数值太小而无法在图表中展现出来。

这时我们可以使用双轴复合图表来解决这个问题。双轴复合图表就是在同一张图表中有两个纵坐标，分别用来标记不同的数据系列，如下图所示。

下面以"公司近几年销售情况分析"图表为例介绍一下如何创建双轴复合图表。默认情况下，系统生成的是单轴图表，所以此处先创建一张单轴图表，然后再将其更改为双轴复合图表。具体操作步骤如下。

配套资源
第 9 章 \ 近 5 年销售情况分析表—原始文件
第 9 章 \ 近 5 年销售情况分析表—最终效果

Step1 打开本实例的文件"近 5 年销售情况分析表—原始文件"，将光标定位在数据

区域的任意一个单元格中，切换到【插入】选项卡，在【图表】组中单击【插入柱形图或条形图】按钮，此处插入簇状柱形图。

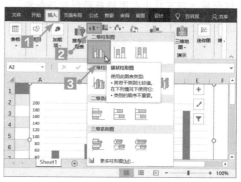

Step2 在工作表中插入一个柱形图，此时增长率的变化趋势由于数值太小而无法在图表中展现出来。

Step3 选中图表中的一个数据系列，切换到【图表工具】栏的【设计】选项卡，在【类型】组中单击【更改图表类型】按钮。

Step4 打开【更改图表类型】对话框，在【为您的数据系列选择图表类型和轴：】列表框中，将【增长率】的【图表类型】设置为【带数据标记的折线图】，并选中其右侧的【次坐标轴】复选框。

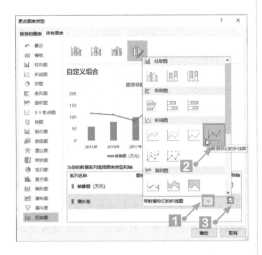

Step5 设置完毕，单击【确定】按钮，返回工作表，即可看到图表已经更改为柱形图与折线图的复合图表了。

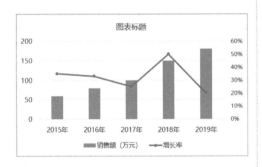

Step6 可以按照前面的方法对图表的各个元素进行格式化（本案例将图表字体设置为微软雅黑，字号为10号，标题为"2015-2019年销售额及增长率"，标题字号为12号并加粗，调整图例位置为图表上方），最终效果如右图所示。

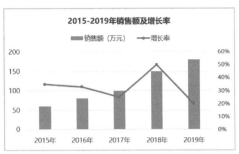

6. 制作金字塔分布图

金字塔分布图，其实就是将两个条形图组合在一起形成的。简单地讲，金字塔分布图就是将纵坐标轴置于图表的中间位置，在其两侧分别绘制条形图，这样可以直接对两组数据进行对比，使信息展示更直观。

例如，使用金字塔分布图来展示男女客户销售对比情况会非常直观，效果如下图所示。

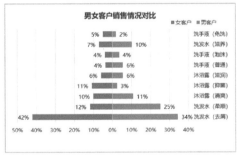

金字塔分布图中，条形分布在纵坐标轴的两侧，就要有一个数据系列是负数。具体操作步骤如下。

配套资源
第9章 \ 男女客户销售情况分析—原始文件
第9章 \ 男女客户销售情况分析—最终效果

Step1 打开本实例的文件"男女客户销售情况分析—原始文件",在 E1 单元格中输入 -1,按【Ctrl】+【C】组合键进行复制。

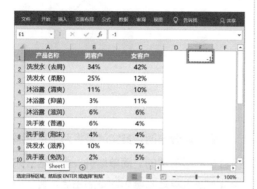

Step2 选中 C2:C10 单元格区域,单击鼠标右键,在弹出的快捷菜单中单击【选择性粘贴】选项。

Step3 弹出【选择性粘贴】对话框,在【粘贴】组中单击【数值】单选钮,在【运算】组中单击【乘】单选钮。

Step4 单击【确定】按钮,返回工作表,女客户列的销售占比变为负数。(由于本案例套用了表格格式,所以粘贴后继续自动套用表格格式。)

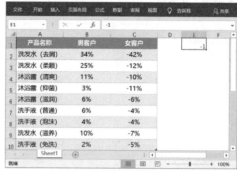

Step5 选中表格的任意一个单元格,切换到【插入】选项卡,在【图表】组中单击【插入柱形图或条形图】按钮,此处插入簇状条形图。

Step6 插入簇状条形图的效果如下图所示。

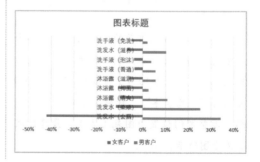

Step7 读者可以按照前面介绍的内容对图表标题、坐标轴、图例进行格式化编辑，编辑后的效果如下图所示。

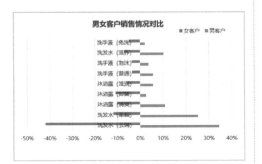

从插入的图表中可以看到，两个数据系列已经分布在了纵坐标轴的两侧。但是由于纵坐标轴标签在两个数据系列的中间，会影响数据的展示，为了清晰地显示数据系列和纵坐标轴，可以将纵坐标轴的标签移动到图表之外。

Step8 选中纵坐标轴，单击鼠标右键，在弹出的快捷菜单中单击【设置坐标轴格式】选项。

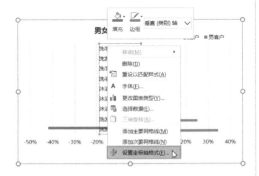

Step9 弹出【设置坐标轴格式】任务窗格，系统自动切换到【坐标轴选项】选项卡，单击【坐标轴选项】按钮，在【标签】组中的【标签位置】下拉列表中选择【高】选项。

Step10 设置完成后纵坐标轴标签被移动到图表的右侧。

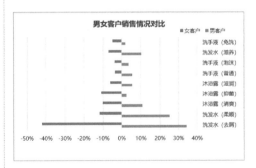

金字塔分布图的两个数据系列应该是对齐的，但是当前图表中左右两侧的条形未对齐，可以通过调整"系列重叠"为100%来进行调整，还应该调整"间隙宽度"，使条形的宽度更合适。

Step11 选中任意一个数据系列，单击鼠标右键，在弹出的快捷菜单中单击【设置数据系列格式】选项，在弹出的【设置数据系列格式】任务窗格中单击【系列选项】按钮，在【系列选项】组中将【系列重叠】设置为100%，【间隙宽度】设置为80%。

Step12 调整完成后，效果如下图所示。

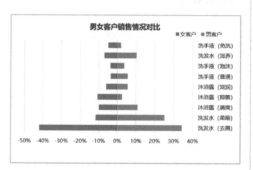

最开始的时候，为了使两个数据系列分布在纵坐标轴的两侧，我们将其中的一个数据系列的值设置成了负数，致使当前图表横坐标轴中的刻度是负数，对比起来不方便，而且容易让读者误读数据，此时可以通过调整坐标轴的数字格式来去掉负号。

Step13 选中图表中的横坐标轴，单击鼠标右键，在弹出的快捷菜单中单击【设置坐标轴格式】选项，弹出【设置坐标轴格式】任务窗格，单击【坐标轴选项】按钮，在【数字】组中的【类别】下拉列表中选择【特殊格式】选项，在【格式代码】文本框中输入

"#0%;#0%"。

Step14 单击【添加】按钮，即可将横坐标轴中的负值变为正值。

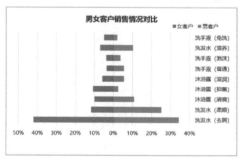

Step15 为了使读者了解不同产品在男女客户中的销售情况，应该为图表添加数据标签。选中图表，单击图表右侧的【图表元素】按钮 ，在弹出的下拉列表中单击【数据标签】▷【数据标签外】，即可为图表添加数据标签。

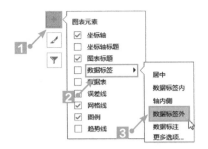

Step16 此时,新添加的数据标签也是负数,选中左侧的数据标签,单击鼠标右键,在弹出的快捷菜单中单击【设置数据标签格式】选项。

Step17 弹出【设置数据标签格式】任务窗格,单击【标签选项】按钮,单击【数字】组中【类别】的下拉按钮,在弹出的下拉列表中选择【特殊格式】选项,在【格式代码】文本框中输入"#0%;#0%"。

Step18 单击【添加】按钮,一张完整的金字塔分布图就制作完成了,效果如下图所示。

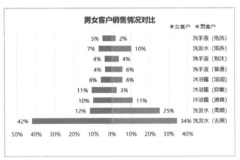

9.2 动态图表,让数据展示更灵活

动态图表是用于汇报数据时的一种高级的图表演示方式,它可以随数据的变化而变化,使数据展示更灵活,效率更高。

数据分析是一个非常复杂的过程,根据分析需求的变化,可能需要随时改变分析的维度或角度,但是在数据可视化方面不可能每次改变都创建一张新的图表,这种情况下就需要用到动态图表。

很多人觉得动态图表很复杂，制作起来一定很难。其实不然，动态图表的制作并不困难，也不需要编写 VBA，只需要创建下拉列表和使用简单的函数就能完成。常见的动态图表主要有以下三种。

① 通过下拉列表控制的动态图表。

② 随数据变化而变化的动态图表。

③ 通过切片器控制的数据透视图。

根据不同的实际数据或需求，可以选择采用不同的方式来创建动态图表，但是，无论采用哪种方式，其原理都是一样的，即通过控制图表的数据源来控制图表的显示效果。

下面分别介绍三种形式的动态图表的制作过程。

9.2.1 下拉列表控制的动态图表

在员工业绩统计表中，记录了各员工各月份的销售业绩，如果将所有数据制作到一张图表中同时展示，就会显得很混乱。如果按员工姓名或月份分别制作图表，那就需要制作多张图表，工作量就会很大，怎么办呢？

这种情况下就可以使用动态图表，只需要创建一个辅助区域，通过操作下拉列表在辅助区域显示每个员工的业绩，进而控制图表的显示。具体操作步骤如下。

配套资源
第9章\员工业绩统计表—原始文件
第9章\员工业绩统计表—最终效果

扫码看视频

Step1 打开本实例的文件"员工业绩统计表—原始文件"，选中单元格区域 A1:G2，按【Ctrl】+【C】组合键将其复制，选中单元格 A13，按【Ctrl】+【V】组合键粘贴，然后选中单元格区域 A14:G14，按【Delete】键清除单元格区域内的内容，仅保留月份行的信息，如右上图所示。

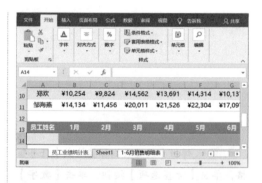

Step2 制作下拉列表框用于员工姓名选择。选中单元格 A14，切换到【数据】选项卡，在【数据工具】组中单击【数据验证】按钮的上半部分。

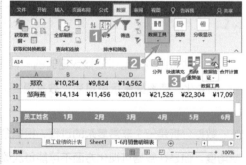

Step3 弹出【数据验证】对话框，切换到【设置】选项卡，在【允许】下拉列表中选择【序列】选项，然后将光标移动到【来源】文本框中，在工作表中选择数据区域 A2:A11。

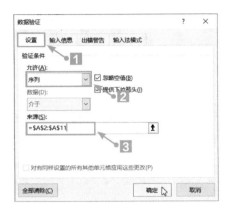

Step4 单击【确定】按钮，返回工作表，即可看到在单元格 A14 的右下角出现了一个下拉按钮。单击该按钮，在弹出的下拉列表中选择任意员工姓名。

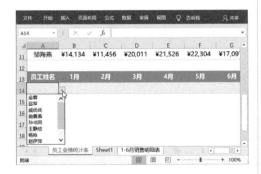

Step5 接下来根据员工姓名查询各月份的销售额。选中单元格 B14，切换到【公式】选项卡，在【函数库】组中单击【查找与引用】按钮，在弹出的下拉列表中选择【VLOOKUP】函数选项。

Step6 弹出【函数参数】对话框，在第 1 个参数文本框中选择输入 "A14"，在第 2 个参数文本框中选择输入 "A2:G11"，在第 3 个参数文本框中输入 "2"，在第 4 个参数文本框中输入 "0"。

Step7 单击【确定】按钮，返回工作表即可看到查找结果。

Step8 按照同样的方法查找其他月份的销售额，结果如下页图所示。

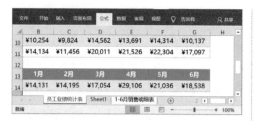

Step9 接下来就可以插入图表了。选中单元格区域 A13:G14，切换到【插入】选项卡，在【图表】组中单击【插入柱形图或条形图】按钮，在弹出的下拉列表中选择【簇状柱形图】选项。

Step10 在工作表中插入一个柱形图，可以将柱形图移动到合适的位置，并按照前面的

方法对其格式化，效果如下图所示。

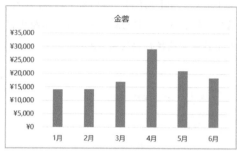

Step11 更改单元格 A14 中的员工姓名时，图表也会相应发生改变。

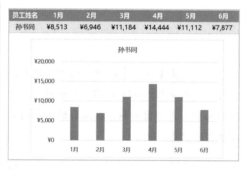

创建月份可变的动态图表与上述方法基本一致，只是使用的函数变为 HLOOKUP 函数，关于 HLOOKUP 函数在第 6 章已经介绍过，这里不再重复，最终效果如右图所示。

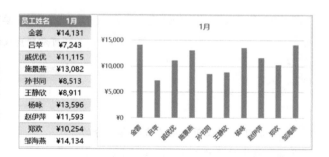

9.2.2 随数据变化而变化的动态图表

除了创建一个辅助区域，通过操作下拉列表来制作动态图表外，还有一种动态图表，不需要任何操作，可以随数据区域的变化自动调整图表显示内容。这种图表的核心是通过定义名称并使用 OFFSET 函数来获取动态数据区域。

关于定义名称的内容，在第 2 章 2.3.4 小节中已经介绍过，这里不再赘述，如果读者不熟悉，可以再复习一下。下面我们来介绍一下 OFFSET 函数。

OFFSET 函数的功能是，从一个基准单元格出发，向下（或上）偏移一定的行数，向右（或左）偏移一定的列数，到达一个新的单元格，然后引用这个单元格，或者以这个单元格为顶点，指定行数、指定列数的新单元格区域。其语法结构如下。

OFFSET(基准单元格，偏移行数，偏移列数，引用行数，引用列数)

该函数中需要注意以下几点。

① 偏移的行数如果是正数，就向下偏移，如果是负数，则向上偏移。

② 偏移的列数如果是正数，就向右偏移，如果是负数，则向左偏移。

③ 如果省略最后两个参数，则 OFFSET 引用的是一个单元格，得到的结果就是该单元格的值，如果设置了最后两个参数，则 OFFSET 引用的是这两个参数界定的单元格区域。

在本案例中，需要根据"各月销售业绩统计表"创建图表，要求表格中的数据记录增加时，图表数据自动更新。例如增加 6 月份的销售额数据后，图表也会自动增加 6 月的数据，如下图所示。

▲ 1~5月的销售额　　▲ 增加6月的销售额　　　　▲ 图表中增加6月的销售额

本案例的解决思路是利用定义名称创建图表，并且在定义名称时能够自动引用数据源区域的所有数据，即 A2 向下的所有有数据的单元格区域，这可以通过 OFFSET 函数来完成。

以月份为例，分析一下OFFSET 函数的各个参数。"基准单元格"就是 A2，"偏移的行数"和"偏移的列数"都为 0，"引用的行数"可以认为是 A 列中非空单元格的个数再减去 1（A1单元格不在计数范围内），因此这里可以嵌套 COUNTA 函数，公式为"=COUNTA(销售业绩统计表 !$A:$A)-1"，"引用的列数"为 1。因此，最终公式内容如下。

=OFFSET(销售业绩统计表 !$A$2,0,0,COUNTA(销售业绩统计表 !$A:$A)-1,1)

利用以上公式就可以自动引用销售业绩统计表中的所有月份所在的区域，销售额所在的区域的引用方式与月份的相同,只是引用区域变为B2向下的所有有数据的单元格区域。

了解了公式内容,接下来就介绍制作动态图表的具体操作步骤。

配套资源	
第9章\销售业绩统计表—原始文件	
第9章\销售业绩统计表—最终效果	

扫码看视频

Step1 定义月份名称。打开本实例的文件"销售业绩统计表—原始文件",切换到【公式】选项卡,在【定义的名称】组中单击【定义名称】按钮 定义名称 的前半部分。

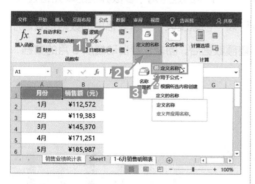

Step2 弹出【新建名称】对话框,在【名称】右侧的文本框中输入"月份",在【引用位置】右侧的文本框中输入"=OFFSET(销售业绩统计表!$A$2,0,0,COUNTA(销售业绩统计表!$A:$A)-1,1)"。

Step3 单击【确定】按钮即可完成对月份名称的定义,按照同样的方式打开【新建名

称】对话框,对销售额定义名称,在【名称】右侧的文本框中输入"销售额",在【引用位置】右侧的文本框中输入"=OFFSET(销售业绩统计表!$B$2,0,0,COUNTA(销售业绩统计表!$B:$B)-1,1)"。

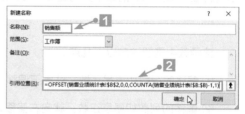

Step4 单击【确定】按钮,完成对销售额名称的定义。将光标定位到任一空白单元格中,切换到【插入】选项卡,在【图表】组中单击【插入柱形图或条形图】按钮 ,在弹出的下拉列表中选择【簇状柱形图】选项。

Step5 在工作表中插入一个空白图表,切换到【图表工具】栏的【设计】选项卡,在【数据】组中单击【选择数据】按钮。

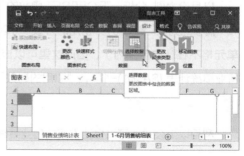

Step6 弹出【选择数据源】对话框，在【图例项（系列）】列表框中单击【添加】按钮。

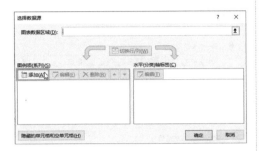

Step7 弹出【编辑数据系列】对话框，在【系列名称】文本框中输入系列名称"销售额"，在【系列值】文本框中输入公式"= 销售业绩统计表!销售额"。

Step8 单击【确定】按钮，返回【选择数据源】对话框，在【水平（分类）轴标签】列表框中单击【编辑】按钮。

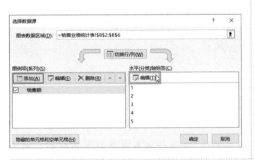

Step9 弹出【轴标签】对话框，在【轴标签区域】文本框中输入公式"= 销售业绩统计表!月份"。

Step10 单击【确定】按钮，返回【选择数据源】对话框。

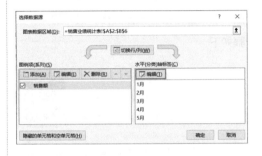

Step11 单击【确定】按钮，返回工作表，即可看到根据定义的名称创建的簇状柱形图，效果如下图所示。

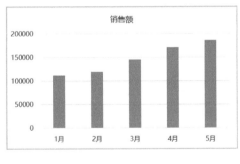

Step12 当数据变化时，图表也会随之变化，例如当数据源区域中增加6月的销售额数据时，图表中的数据系列也会相应增加到6月，效果如右图所示。

月份	销售额（元）
1月	¥112,572
2月	¥119,383
3月	¥145,370
4月	¥171,251
5月	¥185,987
6月	¥147,779

9.2.3 切片器控制的数据透视图

前面介绍的创建动态图表的两种方式中，都使用了函数，但是使用函数需要较强的逻辑思维能力，如果掌握不好很容易出错。

数据透视图是与数据透视表相关联的动态图表，当数据透视表的数据变化时，数据透视图也会相应地发生变化。因此，可以同时创建数据透视表和数据透视图，然后通过插入切片器来控制数据变化。具体的操作步骤如下。

配套资源
第9章\销售业绩统计表01—原始文件
第9章\销售业绩统计表01—最终效果

扫码看视频

Step1 打开本实例的文件"销售业绩统计表01—原始文件"，单击选中数据区域的任意一个单元格，切换到【插入】选项卡，在【图表】组中单击【数据透视图】按钮的上半部分。

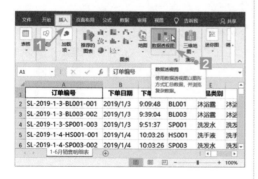

Step2 弹出【创建数据透视图】对话框，在【选择一个表或区域】文本框中默认选定了工作表中的所有数据，在【选择放置数据透视图的位置】组中默认选中【新工作表】单选钮，这里保持所有默认设置不变。

Step3 单击【确定】按钮，在新工作表中新建一个空白数据透视表和数据透视图。

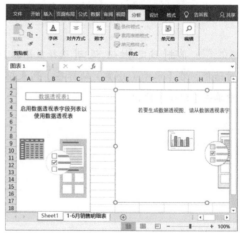

Step4 单击空白数据透视表的任意一个单元格，切换到【数据透视表字段】任务窗格，将【下单日期】字段拖曳到【行】字段区域，将【订单金额（元）】字段拖曳到【值】字段区域，默认的汇总方式为求和。

Step5 设置完成后，图表效果如下图所示。

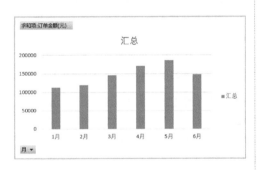

Step6 按照前面介绍的方法对图表进行格式化处理，效果如下图所示。

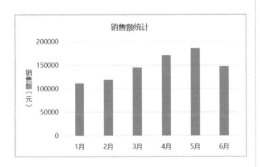

Step7 选中数据透视图，切换到【数据透视图工具】栏的【分析】选项卡，在【筛选】组中单击【插入切片器】按钮 插入切片器 。

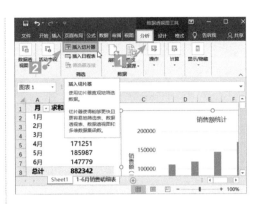

Step8 弹出【插入切片器】对话框，用户可根据需求勾选需要进行筛选的字段，本案例中选中【产品类别】和【渠道】复选框。

Step9 单击【确定】按钮即可插入【产品类别】和【渠道】两个切片器。

Step10 单击切片器按钮，即可查看不同渠道不同产品类别的销售情况。

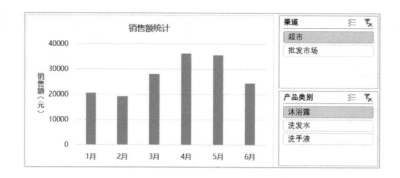

本章小结

本章主要介绍了以下两方面内容。

（1）图表，让数据更直观。Excel提供的图表类型很多，但是选用哪种图表还要考虑数据分析的需求和图表特点，选择最合适的图表。图表创建完成后，除了保证图表元素的完整性，还要注重图表的美观性和易读性，因此要对其进行格式化处理，包括设置字体格式、坐标轴间距、数据系列格式、图表配色等。另外，为了制作出更高级、更专业的图表，本节还介绍了6个图表专业化技巧，学好本节内容，读者的图表水平会得到很大提升。

（2）动态图表，让数据展示更灵活。普通的图表可能已经无法满足多层次多角度的数据分析需求，创建动态图表就可以很好地解决这一问题。本节主要介绍了三种创建动态图表的方式，包括下拉列表控制的动态图表、随数据变化而变化的动态图表和切片器控制的数据透视图。相比较来说，创建切片器控制的数据透视图会更简单一些，不需要编辑函数，只需操作鼠标即可轻松完成，操作起来既简单又实用，是首选的动态图表创建方式。

以下是本章与前后章节的关系。

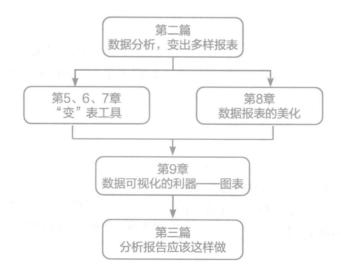

第三篇

分析报告
应该这样做

内容导读

在本书的前两篇中分别介绍了如何做表及"变"出汇总报表的方法，掌握了前两篇的内容，工作中的效率一定会有很大的提升。

有人说"数据汇总好了，图表创建了，美化工作也做了，领导还有什么可挑剔的呢？""在实际工作中也是这样的流程啊，可是为什么每次将领导要求的数据递交上去时还是不能让领导满意呢？"其实，工作做到这里并没有结束，因为还有非常重要的一步没做——结果呈现，即做数据分析报告。无论领导布置的任务是简单还是复杂，在结束时总要向领导出示一份数据分析报告，它是一项工作的完成和总结。

什么是数据分析报告？它包含哪些内容？应该怎样做呢？在本篇中我们将通过实战案例教会你如何做出一份让领导眼前一亮的分析报告，从而在工作中赢得领导的青睐。一起来学习一下吧！

学习内容

第10章 换位思考，领导需要什么样的报告

第11章 职场实战，可视化数据看板

换位思考，领导需要什么样的报告

工作做得好不好，不在于你是否完成了领导交代的任务，而是你做出来的东西是否真正满足领导的需求。很多人都很疑惑，为什么明明按照领导的要求做出来的报告，却总是无法让领导满意呢？

其实领导都是很"实在"的，对于你花了大力气做出来的"漂亮"的报告，他们可能都觉得没用，反而是你在数据分析中找到的规律、发现的问题、分析出的原因或提出的合理化建议（即使是一点点想法），对领导来说才是真正有价值的东西。本章将围绕"如何满足领导的需求"介绍一下分析报告的制作要求。

小白：大神，我又挨批了！王总让我做一份今年上半年产品销售与去年同期对比情况报告，但是他对我做的报告非常不满意，"能不能把问题讲清楚一点？能不能让我一眼看到重要数据……"我明明按他的要求做了啊！这报告到底该怎么写呢？

Mr.E：这样啊！我看一下你的报告。

产品名称	2019年销量	2018年销量
沐浴露（清爽）	1993	1856
沐浴露（抑菌）	7599	9586
沐浴露（滋润）	2187	2745
洗发水（去屑）	6682	7126
洗发水（柔顺）	4380	4089
洗发水（滋养）	5909	7526
洗手液（免洗）	3837	1285
洗手液（普通）	7128	5489
洗手液（泡沫）	477	895
总计	**40192**	**40597**

看完小白的报告，Mr.E 就明白了。

Mr.E：你递交的东西并不能称为报告啊！这并不是领导真正需要的，领导当然不会满意了。虽然你花费了不少精力，并且对表格和图表也进行了一定的美化，但是看到你的报告，完全不知道你的重点在哪里，想要表达什么问题，可以说很简陋。

其实，写数据分析报告也是有一定要求的，主要包括两大方面，下面我们分别介绍。

10.1 明确领导需求
——专业地呈现数据

数据分析报告的基本要求是整理和分析数据，并且运用表格和图表等形式将数据展现出来，让阅读者能够快速清晰地接收到报告制作者想要传递的信息。

10.1.1 接受任务，分析需求

关于明确领导需求的内容我们在第 0 章 0.3 节中已介绍过，在接受领导下达的任务后，要站在领导的角度思考领导到底需要什么，从而更快地明确问题。

既然领导要看的是今年与去年的销售对比情况，那么只罗列出各自的销量还是远远不够的，应该从多个角度把数据对比的结果呈现出来，即今年相比去年增加或减少的百分比等，而不是让领导拿到数据后还要自己去计算、对比。因此，接受工作任务后，明确领导需求是首要工作。

当然在这里我们只是举了一个很简单的案例，实际工作中的工作任务可能会更复杂。

10.1.2 快速准确地制作表格

明确了领导需要的是什么数据，接下来就要快速准确地将结果计算汇总出来。

如果日常工作中按照本书的第 1 篇第 1~4 章介绍的内容制作了原始明细表，这里可以直接拿来用，就会节省大量的时间。例如要计算上半年各产品的汇总销量，就可以使用数据透视表快速制作出汇总表（关于数据透视表的内容可参照本书第 7 章），如下图所示。

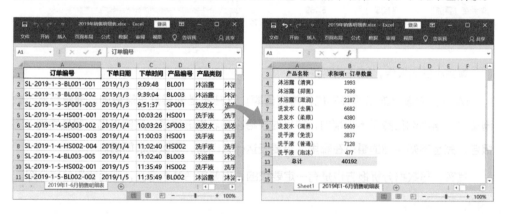

采用同样的方式汇总 2018 年的数据，将其放在一个表中，并计算出 2019 年相对 2018 年的差额百分比。接下来，为了更直观地对比数据，插入以产品名称和两年销量为源数据的条形图（第 9 章 9.1 节中介绍过各种类型图表的适用情况），结果如下图所示。

产品名称	2019年销量	2018年销量	差额百分比
沐浴露（清爽）	1993	1856	7.38%
沐浴露（抑菌）	7599	6586	15.38%
沐浴露（滋润）	2187	2745	-20.33%
洗发水（去屑）	6682	7126	-6.23%
洗发水（柔顺）	4380	4089	7.12%
洗发水（滋养）	5909	5526	6.93%
洗手液（免洗）	3837	1285	198.60%
洗手液（普通）	7128	5489	29.86%
洗手液（泡沫）	677	595	13.78%
总计	40392	35297	14.43%

图表标题

洗手液（泡沫）
洗手液（普通）
洗手液（免洗）
洗发水（滋养）
洗发水（柔顺）
洗发水（去屑）
沐浴露（滋润）
沐浴露（抑菌）
沐浴露（清爽）

0　1000　2000　3000　4000　5000　6000　7000　8000

■2018年销量　■2019年销量

如果对前面介绍的内容很熟悉了，只需要点击鼠标就可以完成以上操作，总计用时应该不到两分钟，既高效又准确。

目前为止，领导需要的同期对比数据已基本完成。如果把这样的结果呈现给领导，领导一定会觉得你工作非常不用心。为什么呢？我们接着往下看。

10.1.3 可视化呈现，一决高下

做出来的表格和图表，都是默认的格式，这样的数据是不能直接递交给领导的，应该对其进行适当的美化，从而达到使数据既易读又美观的效果。

在本案例中，除了对表格格式进行基本美化之外，还建议为"差额百分比"列添加条件格式中的绿色数据条，正向增加显示为绿色，负向减少显示为红色，使数据增减看起来一目了然。对图表的美化，除了对图表格式化的基本要求外，还建议为两个数据系列的最大值添加数据标签。这样通过查看图表，领导除了可以对比每种产品在两个年份中的销量差异外，还可以一眼看出两个年份中销量最高的产品名称及具体数值。最终呈现的效果如下图所示。

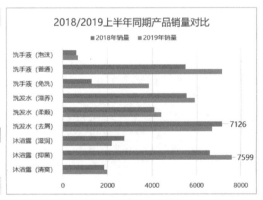

产品名称	2019年销量	2018年销量	差额百分比
沐浴露（清爽）	1993	1856	7.38%
沐浴露（抑菌）	7599	6586	15.38%
沐浴露（滋润）	2187	2745	-20.33%
洗发水（去屑）	6682	7126	-6.23%
洗发水（柔顺）	4380	4089	7.12%
洗发水（滋养）	5909	5526	6.93%
洗手液（免洗）	3837	1285	198.60%
洗手液（普通）	7128	5489	29.86%
洗手液（泡沫）	677	595	13.78%
总计	40392	35297	14.43%

关于表格和图表的美化，在本书的第 8 章和第 9 章中有详细的介绍，这里不再赘述。通过以上案例可以看出，对报表进行适当和必要的美化还是很重要的。例如添加数据条和数据标签也是点几下鼠标就能完成的操作，并不会占用很多时间，但是多了以上两项简单的操作，就会给报表增色不少，呈现出来的结果也是完全不一样的。把这样的报表递交给领导，至少不会出什么差错。

对于普通员工或初学者来说，可能工作做到这里就结束了。但是，在工作中我们经常会看到高手做的数据展示看板，数据清晰明了，令人耳目一新，由衷地感到钦佩。下面展

示的就是两种不同风格的看板（由于版面限制，这里只截取了部分内容）。

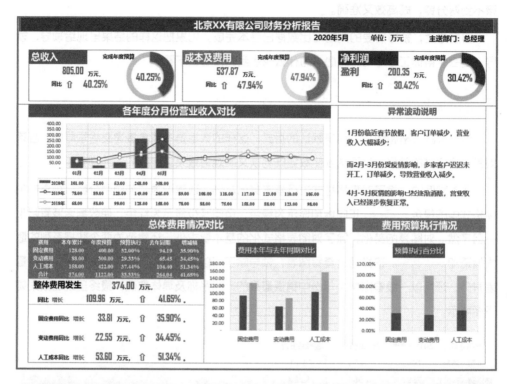

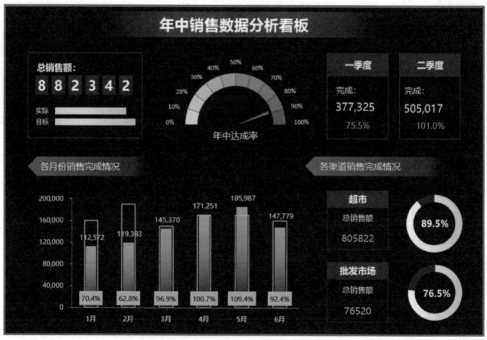

看到高手做的数据分析看板，是不是感觉遥不可及呢？其实数据看板的制作并不难，不需要复杂的编程，在 Excel 中也可以制作出高级的数据看板。关于数据看板的制作过程，在最后一章内容中会结合实际案例详细介绍。

接下来我们继续介绍数据分析报告的另一个非常重要的方面——主动帮领导分担。

10.2 主动帮领导分担
——分析数据，找出原因

做决策是上层领导的工作，但是分析数据，找出原因却是普通员工应有的责任。这也是一份严谨专业的数据分析报告不可缺少的内容。

小白：终于完事了，领导需要的数据做好了，美化操作完成了，重点数据也突出了，这下王总该满意了吧！我这就去跟王总汇报。

Mr.E：别急啊，还没结束呢！你仔细想想领导让你做这个工作的目的是什么？应该不仅仅是为了一张汇总表或图表，而是通过这份报告找出问题及解决方案吧。所以你的这份报告对领导来说只是一组数据，并没有什么价值，领导怎么会满意呢！你的汇报只是完成了本职工作而已，这样工作是很难得到领导的赏识的。

作为员工，应该有主动为领导分担的意识，不要所有的工作都等着领导去吩咐。虽然说决策是领导的工作，但是如果你能在分析数据的过程中更早地发现问题，找出原因，甚至能够提出合理化的建议，对领导来说就会节省很多宝贵的时间和精力。这样的员工怎能不受领导的重视呢！

例如在以上案例中，沐浴露（滋润）和洗发水（去屑）的销量较去年同期都有所下降，调查发现是因为同业中出现了两个竞争者抢占了市场。而洗手液（免洗）的销量是去年销量的近 3 倍，原因是公司在今年对洗手液（免洗）投资了广告，让销量迅速增长。

但是这些调研的结果可能是领导不知道的，只是看报告的数据可能不容易发现问题，如果能够提前分析出以上问题，并在向领导展示报告内容时一并说明，可能就会给领导提供很大帮助，领导就不需要在这些问题上花费时间了。

对于员工个人而言，在完成本职工作之余，如果能够主动帮领导分担，也能使自己的价值得到很好的提升。

比领导吩咐的工作再多做一点，这就是本节内容的重要思想。

本章小结

本章主要介绍了数据分析报告的两方面重要内容。

一方面主要是针对报告本身的内容，首先要明确领导需求——专业地呈现数据。在接受工作任务后，要站在领导的角度，思考领导需要的到底是什么，然后收集数据，快速汇总计算，制作出需要的报表或图表，最后进行适当的美化，将可视化结果呈现出来。

另一方面强调员工在本职工作之外，要主动帮领导分担——分析数据，找出原因。即使领导没有要求，但是如果你能主动在领导需要的数据基础上进一步分析，找出问题原因并提出合理化建议，对领导的工作提供力所能及的帮助，在日常工作中就会得到领导的赞赏，个人价值也会得到提升。

总结一下：第一方面主要靠技能，只要认真学习了本书介绍的内容，都可以轻松完成；第二方面则靠个人的主动性和能动性了。只要做到了以上两方面，你的数据分析报告一定能够获得领导的青睐。

以下是本章的内容结构图及与前后章节的关系。

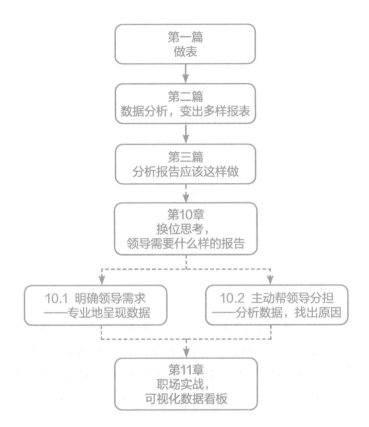

第11章
职场实战，可视化数据看板

通过本书前10章的学习，相信读者已经基本掌握了工作中必备的Excel技能，但是，如果不能将其用来解决实际问题，这样的学习就是没有意义的；如果数据分析得很到位，却没能将其完美地呈现出来，这样的工作也会是徒劳的。

我们在第10章也见过了高手们做的数据看板，相信读者们一定还记忆犹新。想不想做出这样的看板呢？如何成为这样的高手呢？梦想并不总是遥不可及的！本章内容就给大家介绍一下如何运用前面学到的知识，做出高颜值的动态数据分析看板。

视频链接

关于本章知识，本书配套教学资源中有相关的教学视频，请读者参见资源中的【职场实战，可视化数据看板】。

数据分析报告的形式有很多种，数据分析看板是目前最受欢迎的形式之一。数据分析看板的结构基本都是总分结构，先介绍一下总体的业务情况，然后分角度分层次进行关联展示。例如下图所示的"年中销售数据分析看板"就是这样的布局。

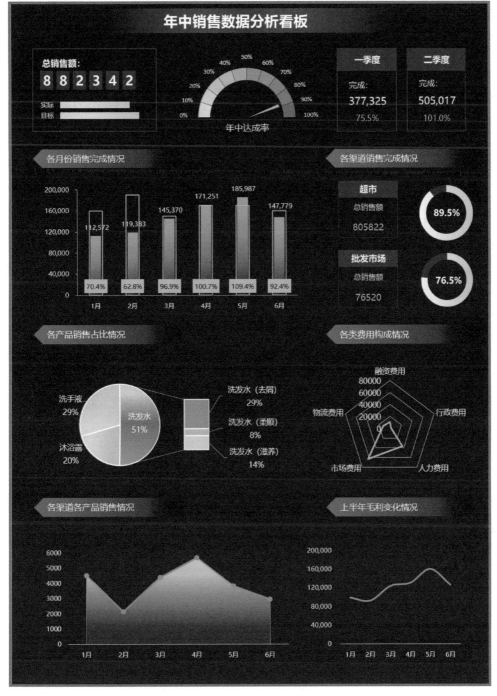

　　该数据看板中首先展示了总销售额数据及目标的完成情况，然后从时间（季度和月份）、渠道、产品等不同角度进行分析，最后分析一下销售费用的构成及利润随时间的波动情况。下面我们分成几个部分，具体介绍一下数据看板的制作过程。

 11.1 ## 总体销售情况分析

　　在销售业务中，总销售额的目标达成率是考核的重要指标，如果能将单调的数字转变为可视化的结果呈现出来，让人一眼就看到重要数据，效果会是完全不同的。接下来就介绍一下如何在数据看板中实现数字的华丽变身。

11.1.1 年中销售完成率分析

　　首先打开 1~6 月的销售明细表，创建数据透视表汇总出各月份的销售额，根据数据透视表的数据，在辅助表中计算出上半年、一季度和二季度的实际销售额，然后根据制定的目标销售额计算出各时间段的完成率（完成率 ＝ 实际 / 目标 ×100％），将该部分数据放在辅助表中备用，如下图所示。

销售额(元)	渠道		
月份	超市	批发市场	总计
⊞1月	101552	11020	112572
⊞2月	108782	10601	119383
⊞3月	132978	12392	145370
⊞4月	156625	14626	171251
⊞5月	169207	16780	185987
⊞6月	136678	11101	147779
总计	805822	76520	882342

▲ 数据透视表

	实际	目标	完成率
上半年整体	882,342	1,000,000	88.2%
一季度	377,325	500,000	75.5%
二季度	505,017	500,000	101.0%

▲ 辅助表

1. 展示总销售额完成情况的条形图

配套资源
第 11 章 \ 年中销售数据分析看板—原始文件
第 11 章 \ 年中销售数据分析看板—最终效果

扫码看视频

　　总销售额数据采用了直接展示的形式，放在了看板的首要位置，字体设置也比较醒目，具体参数设置如下页图所示。

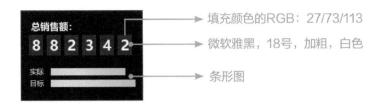

填充颜色的RGB：27/73/113

微软雅黑，18号，加粗，白色

条形图

为了更直观地展示实际销售额和目标销售额的对比情况，这里使用了条形图。使用条形图的好处：一是只有两个数据，使用条形图对比起来更直观；二是从看板布局上来说，上方总销售额是横向分布，条形图也是横向分布，这样的布局会更节省空间，看起来也更美观。

制作条形图的具体步骤如下。

Step1 在辅助表中新建一个区域J2:K3，注意K3中的数据要直接引用C2中的数据（因为C2中的数据是直接引用的数据透视表中的数据，这样当源数据发生变化时，所有数据都可以同步更新，后续使用的所有数据也是依据同样的原理）。选中J2:K3，切换到【插入】选项卡，单击【图表】组中的【插入条形图或柱形图】按钮，在下拉列表中选择【簇状条形图】。

Step2 将图表标题和网格线删除，选中横坐标轴，在【设置坐标轴格式】任务窗格中按下图所示进行设置，选中纵坐标轴，设置为【无轮廓】。

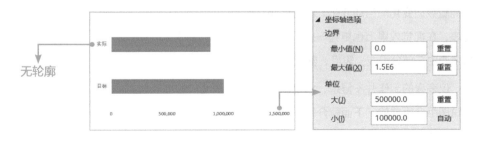

Step3 选中数据系列，在【设置数据系列格式】任务窗格中将【系列宽度】设置为60%，填充颜色设置为【渐变填充】，角度设置为180°，然后分别在0%和100%的位置设置两个停

止点，参数设置如下图所示。

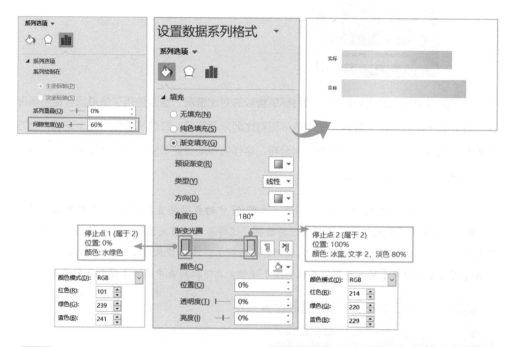

Step4 数据系列设置完成后，选中纵坐标轴，将字体设置为微软雅黑、9号、白色，然后选中整个图表，设置为无填充、无轮廓，最后将设置好的图表放在数据看板中，调整好大小，最终效果如右图所示。

2. 制作达成率仪表盘

在展示达成率等百分比数据时，指针仪表盘是比较受欢迎的一种图表。它的指针不仅能随数据变化而自动变化，而且比起其他图表，在视觉效果上也更强一些。指针仪表盘主要由三部分组成：表盘、刻度和指针。

仪表盘的制作并不复杂，它是由圆环图和饼图组合而成的，下面就介绍一下具体的操作步骤。

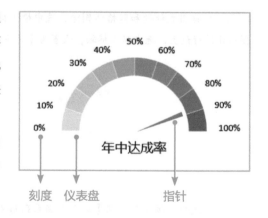

配套资源	
第11章 \ 年中销售数据分析看板—原始文件	
第11章 \ 年中销售数据分析看板—最终效果	

Step1 制作外部仪表盘，即圆环图。首先设置数据区域，将圆环分成两部分，由于整个圆环是360°，一半就占180°，再均分成10份，一份就占18°，在辅助表中设置数据区域如下面左图所示，选中该数据区域，切换到【插入】选项卡，单击【图表】组中【插入饼图或圆环图】按钮，在下拉列表中选择【圆环图】。

Step2 设置圆环图起始角度。在设置之前，将标题和图例删除。在圆环上单击鼠标右键，在弹出的快捷菜单中单击【设置数据系列格式】选项，在【设置数据系列格式】任务窗格中的【系列选项】组中将【第一扇区起始角度】设置为270°。

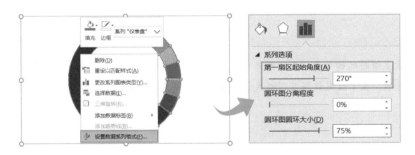

Step3 设置圆环图颜色。选中圆环，切换到【设计】选项卡，单击【图表样式】组中的【更改颜色】按钮，在下拉列表中选择一种合适的颜色方案。

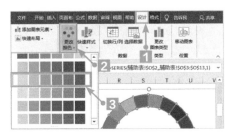

Step4 选中位于底部的二分之一圆环，切换到【格式】选项卡，单击【形状样式】组中的【形状填充】按钮，在下拉列表中选择【无填充】。

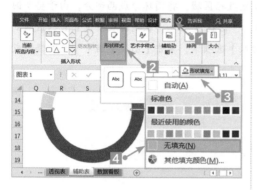

Step5 为仪表盘添加刻度。插入 11 个文本框，直接在文本框中输入 0%~100% 的数值，间隔为 10%。最后调整好文本框的位置即可。

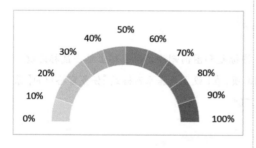

Step6 设置饼图数据区域。由于本案例要展示的数据是【88.2%】，因此将饼图分为三部分，即三个扇形，若设置第 2 个扇形，即指针大小为 5，则第 1 个扇形的大小为"88.2%×180−5/2"，即 156，第 3 个扇形的大小为"360−156−5"，即 199。

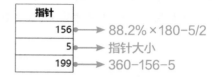

Step7 选中指针数据区域，切换到【插入】选项卡，单击【图表】组中的【插入饼图或圆环图】按钮，在下拉列表中选择【饼图】。

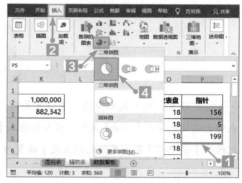

Step8 设置饼图起始角度。在饼图上单击鼠标右键，在弹出的快捷菜单中单击【设置数据系列格式】选项，在【设置数据系列格式】任务窗格中将【第一扇区起始角度】设置为 270°。

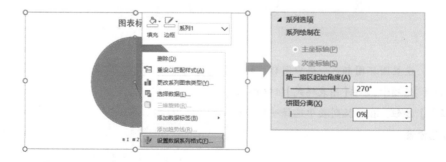

Step9 最后将饼图的标题和图例删除，将指针以外的两个扇形设置为无填充，饼图的整个图表区也设置为无填充、无轮廓，移动饼图到合适的位置，添加文本框，输入标题"年中达成率"，最终效果如下图所示。

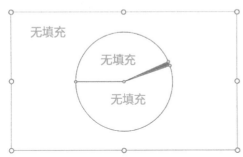 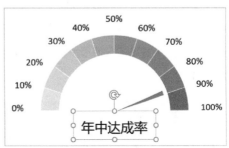

3. 季度销售完成率展示区

配套资源
第11章\年中销售数据分析看板—原始文件
第11章\年中销售数据分析看板—最终效果
扫码看视频

展示数据最简单直观的方式，是使用文字和数字最简单的形式，在数据看板的某个区域直接将数据展示出来。灵活运用文本框，可以使排版布局更简单易操作。

本案例中，"完成"二字都是插入文本框，在文本框中直接输入的。为了突出显示，实际完成的销售额数据字号设置得较大。为了排版方便，所以也借助文本框输入，切换到【插入】选项卡，单击【文本】组中的【文本框】按钮，在下拉列表中选择【绘制横排文本框】，在工作表的空白区域按住鼠标左键拖曳即可插入一个文本框。销售额数据是直接引用辅助表中的数据，选中文本框，然后在编辑栏中输入公式（注意，不能在文本框中直接输入公式），公式如下图所示。

标题和百分比数值都是直接在单元格中输入的，具体的参数设置如下图所示。

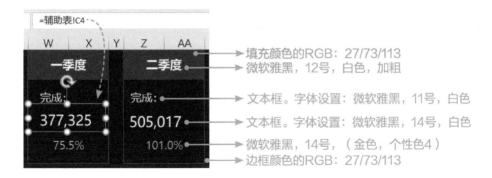

11.1.2 各月份销售完成情况分析

在分析各月份的销售完成情况时，既要对比实际销售额和目标销售额数据，又要展示完成率，此时可以建立双轴复合图表，将实际销售额和目标销售额数据分别用两个坐标轴来表示，可以制作出粗细不同的重叠效果，类似于温度计的形状，增强视觉效果，便于对比数据。相比销售额，完成率的数值很小，因此柱体也会很低，可以忽略，只用数据标签来展示即可，效果如下图所示。

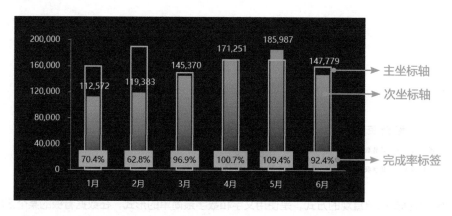

1. 计算各月份实际销售额及完成率

在辅助表中建立如下图所示的数据区域，其中各月份的实际销售额使用公式直接从透视表工作表中引用过来，完成率 = 实际 / 目标 × 100%，结果如下图所示。

	B	C	D	E	F	G	H	
9	月份	1月	2月	3月	4月	5月	6月	
10	实际	112,572	119,383	145,370	171,251	185,987	147,779	引用
11	目标	160,000	190,000	150,000	170,000	170,000	160,000	
12	完成率	70.4%	62.8%	96.9%	100.7%	109.4%	92.4%	计算

2. 制作双轴复合图表

Step1 插入簇状柱形图。选中辅助表中的数据区域 B9:H12，切换到【插入】选项卡，单击【图表】组中的【插入柱形图或条形图】按钮，在下拉列表中选择【簇状柱形图】。

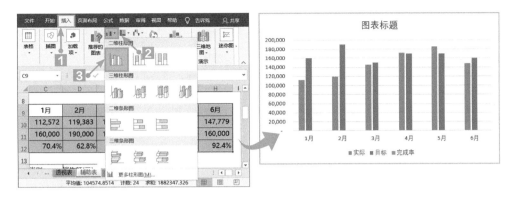

Step2 设置目标系列为【主坐标轴】，【系列重叠】为100%，【间隙宽度】为250%，设置实际系列为【次坐标轴】，【系列重叠】为100%，【间隙宽度】为180%。

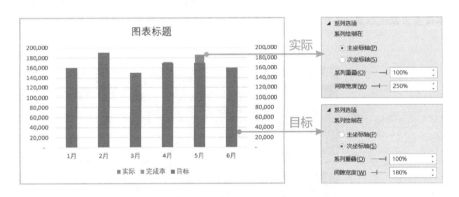

Step3 设置系列颜色。保持两个坐标轴刻度一致并删除，设置实际系列的填充色为【渐变填充】，然后设置目标系列为【无填充】，并设置边框颜色，设置数值如下图所示。

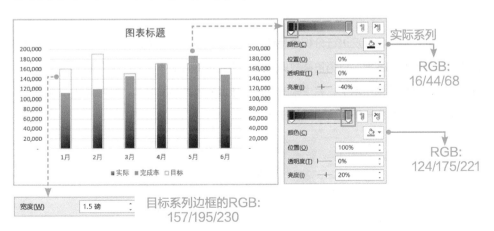

Step4 为所有的数据系列添加数据标签，然后选中目标系列的数据标签，将其删除，将完成率的数据标签的填充颜色设置为如下页图所示的值。

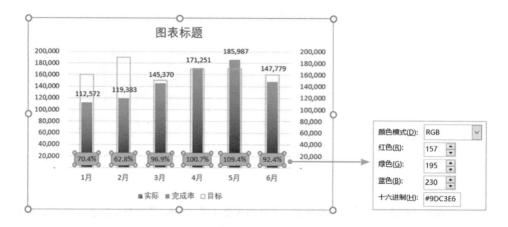

Step5 将标题和图例删除，保持主次坐标轴刻度一致，然后将次坐标轴删除，选中整个图表，将字体设置为微软雅黑、9号、白色，图表设置为无填充、无轮廓。最终效果如下图所示。

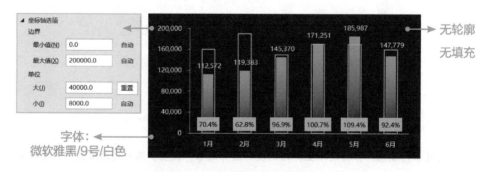

11.1.3 各渠道销售完成情况分析

按渠道对产品销售情况进行分析也是销售数据分析中比较常见的，本案例中主要分析各渠道的总销售额及完成率。总销售额数据采用直接展示的方式（前面已经介绍过，这里不再赘述，参数设置如下图所示），完成率的百分比数值使用圆环图展示，既很直观，操作起来也比较容易。下面介绍一下具体的操作步骤。

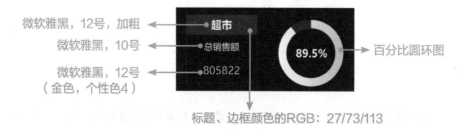

1. 计算各渠道实际销售额及完成率

在辅助表中如下图所示的数据区域中，根据实际销售额计算出超市和批发市场的完成率数据。其中各渠道的实际销售额使用公式直接从透视表工作表中引用过来，完成率 = 实际 / 目标 × 100%，为了创建百分比圆环图，还需要在完成率的旁边创建一个辅助列，辅助列中的数值为"1– 完成率"，计算结果如下图所示。

B	实际	目标	完成率	F	
上半年整体	882,342	1,000,000	88.2%		
一季度	377,325	500,000	75.5%		
二季度	505,017	500,000	101.0%		辅助列
超市	805,822	900,000	89.5%	10.5%	=1–89.5%
批发市场	76,520	100,000	76.5%	23.5%	=1–76.5%

2. 制作百分比圆环图

配套资源	
⬇	第11章\年中销售数据分析看板—原始文件
	第11章\年中销售数据分析看板—最终效果

扫码看视频

Step1 插入圆环图。选中辅助表中的数据区域 E6:F6，切换到【插入】选项卡，单击【图表】组中的【插入饼图或圆环图】按钮，在下拉列表中选择【圆环图】。

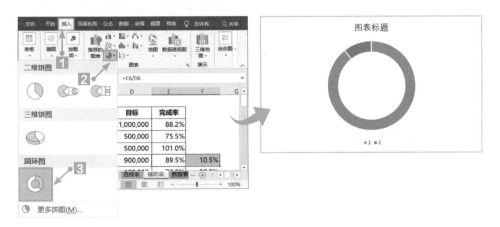

Step2 设置圆环大小。将图表标题和图例删除，选中图表，在图表上单击鼠标右键，在弹出的快捷菜单中单击【设置数据系列格式】选项，弹出【设置数据系列格式】任务窗格，在【系列选项】组中，将【圆环图圆环大小】设置为 75%，用户也可以根据自己的需求，调整百分比数值，进而调整合适的圆环大小，在本案例中保持默认即可。

Step3 设置辅助值圆环颜色。选中辅助值所在的圆环区域，打开【设置数据点格式】任务窗格，在【填充】组中单击【纯色填充】单选钮，单击【颜色】右侧的下拉按钮，在【其他颜色】中将 RGB 设置为 68/114/196，透明度设置为 67%，填充效果如下图所示。

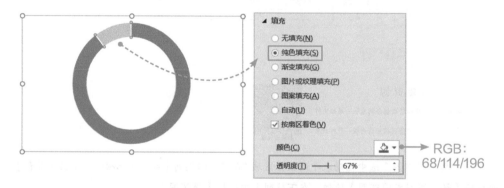

Step4 设置完成率圆环颜色。选中完成率所在的圆环区域，打开【设置数据点格式】任务窗格，在【填充】组中单击【渐变填充】单选钮，给【渐变光圈】设置 3 个停止点，位置及颜色设置参数如下图所示。最后将图表设置为无填充、无轮廓，放在看板中的最终效果如下图所示。

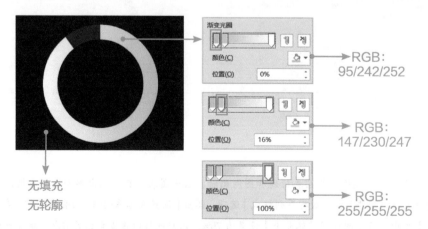

Step5 添加百分比数据。首先插入一个文本框，切换到【插入】选项卡，单击【文本】组中的【文本框】按钮，在下拉列表中选择【绘制横排文本框】。然后在工作表的空白区域按住鼠标左键拖曳即可插入一个文本框。

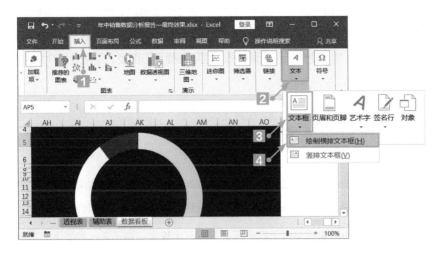

Step6 选中文本框，在编辑栏中输入等号"="，然后切换到辅助表，选中 E6 单元格，文本框中显示的数值即可直接等于超市对应的百分比。

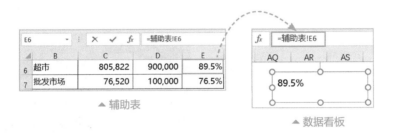

▲ 辅助表　　　　　▲ 数据看板

Step7 选中文本框，将其设置为无填充、无轮廓，字体设置为微软雅黑、12号、加粗、白色，设置完成后按照同样的方法制作批发市场的圆环图，最终效果如下图所示。

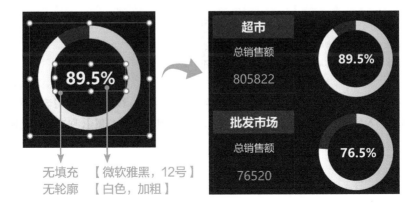

无填充　【微软雅黑，12号】
无轮廓　【白色，加粗】

11.2 产品销售情况分析

对产品销售情况进行分析的角度很多，在本案例中我们对各类产品的销售额占比和各渠道各产品的销售趋势进行分析，表现数据的占比情况适用饼图，对销售趋势分析时适用折线图。为了使分析过程更高效，可以创建动态图表。下面分别介绍。

11.2.1 各类产品销售占比分析

1. 计算各类产品销售额占比

在辅助表如下图所示的数据区域中，列出各类产品的销售额，数据同样来源于透视表工作表中，以便于当明细表中的数据发生变化时，后续所有的汇总数据都会同步更新。

这里由于洗发水的销售额相对于其他两类产品占比较大，为了进一步展示洗发水类别中的各产品的占比情况，同时汇总出不同洗发水的销售额，以此创建复合条饼图，从而在一张图表中既能看出不同类别产品的占比情况，也能看出不同洗发水的占比情况，效果如下面右图所示。

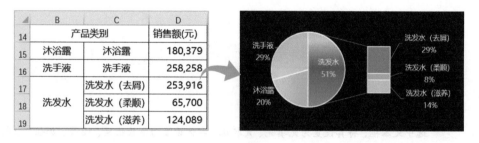

2. 制作复合条饼图

Step1 插入复合条饼图。选中辅助表中的数据区域C15:D19，切换到【插入】选项卡，单击【图表】组中的【插入饼图或圆环图】按钮，在下拉列表中选择【复合条饼图】，即可插入复合条饼图。

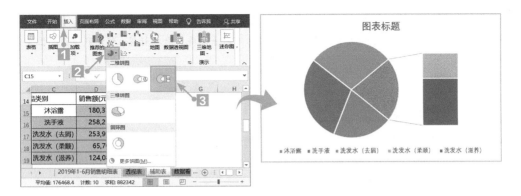

Step2 设置数据系列格式。选中图表，在饼图上单击鼠标右键，在弹出的快捷菜单中选择【设置数据系列格式】选项，弹出【设置数据系列格式】任务窗格，默认的【系列分割依据】是【位置】，将【第二绘图区中的值】设置为3，【间隙宽度】设置为122%，【第二绘图区大小】设置为62%。以上参数只是本案例中的数值，读者可根据实际需求选择合适的大小。

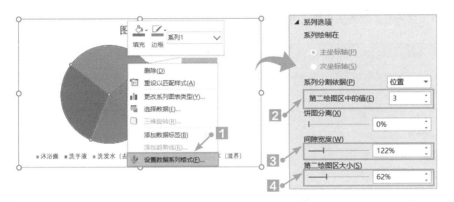

Step3 将图表标题和图例删除，为了区分不同的区域，需要添加数据标签。选中图表，单击图表右上角的添加图表元素按钮，选择【数据标签】▶【数据标签外】。

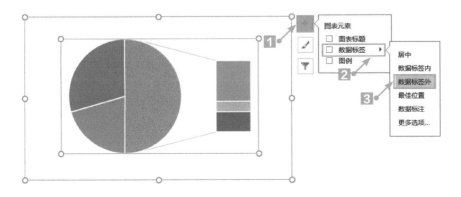

Step4 选中数据标签，单击鼠标右键，在弹出的快捷菜单中单击【设置数据标签格式】选项，

弹出【设置数据标签格式】任务窗格，在【标签选项】组中选择【类别名称】复选框、【百分比】复选框，【分隔符】选择【新文本行】。设置完成后可以手动拖曳数据标签，移动到合适的位置。

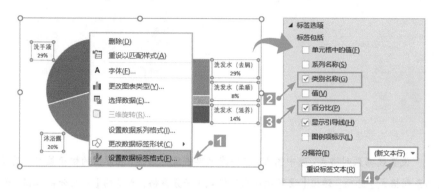

Step5 设置数据系列颜色。在这里我们将饼图的各个区域都设置为【渐变填充】，为了对不同类别的区域进行区分，设置不同的填充效果。沐浴露区域的颜色设置中，【渐变光圈】共有两个停止点，参数设置如下图所示。

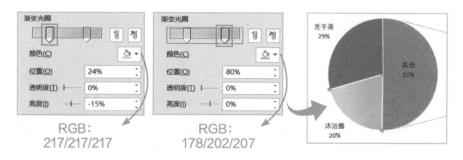

Step6 洗手液区域的颜色设置中，【渐变光圈】共有两个停止点，选中洗手液所在的图表区域，将数据点的填充颜色按下图所示的参数进行设置。

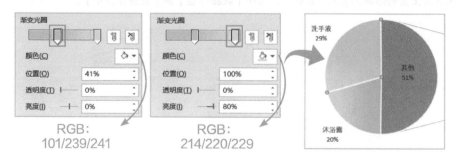

Step7 饼图部分，第三个区域显示为【其他】，将其更改为【洗发水】。然后设置填充颜色，【渐变光圈】共有三个停止点，选中洗发水所在的图表区域，将数据点的填充颜色按下页图所示的参数进行设置。

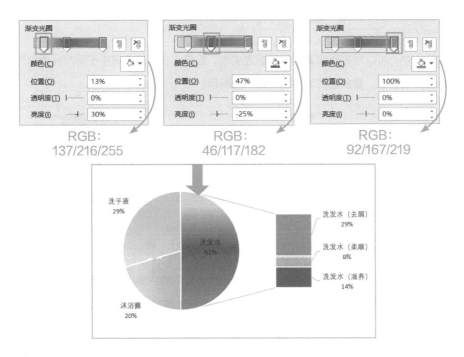

RGB: 137/216/255   RGB: 46/117/182   RGB: 92/167/219

Step8 设置右侧条形图部分各区域的颜色，都采用【纯色填充】方式，各颜色的RGB数值如下图所示。

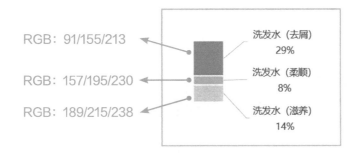

RGB: 91/155/213

RGB: 157/195/230

RGB: 189/215/238

Step9 最后选中整张图表，将图表字体设置为微软雅黑、10.5号、白色，图表区域设置为无填充、无轮廓，放在数据看板中效果如下图所示。

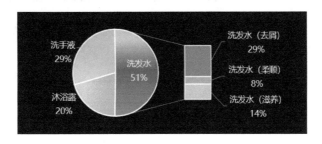

11.2.2 各渠道各产品销售趋势分析

本案例中，可以根据明细表创建数据透视表，汇总出在不同渠道中不同产品类别对应的各个月份的销售额，数据透视表的结构如下图所示。

销售额(元)		月						
渠道	产品类别	1月	2月	3月	4月	5月	6月	总计
□ 超市	沐浴露	20,649	19,338	28,097	36,306	35,685	24,418	164,493
	洗发水	52,289	54,161	69,231	77,419	84,888	68,590	406,578
	洗手液	28,614	35,283	35,650	42,900	48,634	43,670	234,751
□ 批发市场	沐浴露	3,622	2,916	2,250	576	2,244	4,278	15,886
	洗发水	2,888	5,560	5,738	8,357	10,711	3,873	37,127
	洗手液	4,510	2,125	4,404	5,693	3,825	2,950	23,507
总计		112,572	119,383	145,370	171,251	185,987	147,779	882,342

如果想要制作一张多角度分析的动态图表，当选择不同的渠道或产品类别时，可以自动显示 1~6 月对应的销售额，就需要创建下图所示的动态区域，并以此区域创建图表，这样当区域的数据发生变化时，图表数据就会随之自动变化。

月份	1月	2月	3月	4月	5月	6月
销售额	28,614	35,283	35,650	42,900	48,634	43,670

如何来实现呢？下面介绍一下具体操作。

1. 利用下拉列表引用动态数据区域

为了在看板中操作方便又不占用空间，可以将渠道和产品类别制作成下拉列表，将列表的内容序列放在辅助表中即可（关于利用数据验证功能创建下拉列表的操作在本书第 2 章 2.3.2 小节中已经介绍过，这里不再赘述），看板中单元格格式的参数设置如下图所示。

渠道:	产品类别:
超市	沐浴露
批发市场	洗发水
	洗手液

▲ 辅助表

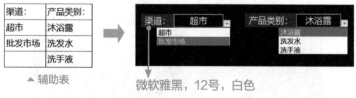

微软雅黑，12号，白色
填充颜色和边框颜色的RGB：189/215/238

当两个下拉列表中选择不同的内容时，如何自动获取各月份对应的销售额呢？这里可以使用 MATCH 函数与 INDEX 函数的联合，先用 MATCH 函数确定行列位置（分别匹配渠道、产品类别和月份数据），再用 INDEX 函数提取数据。在编写公式之前，我们先来认识一下两个函数。

MATCH 函数用于查找对象在一组数据中的具体位置，返回数值结果。其语法结构如下。

MATCH(查找值 , 查找区域 , 匹配模式)

匹配模式如果是 1 或者或略，查找区域的数据必须做升序排序；如果是 -1，查找区域的数据必须做降序排序；如果是 0，可以做任意排序。

INDEX 函数的功能是从一个区域内把指定行、指定列的单元格数据提取出来。其语法结构如下。

INDEX(取数的区域 , 指定行号 , 指定列号)

了解了两个函数的用法，下面我们介绍一下本案例中动态区域的函数编写过程。

■ **步骤一：使用 MATCH 函数确定"渠道"在透视表中的位置。**

MATCH(数据看板 !$H$50, 透视表 !$B$15:$B$20,0)

■ **步骤二：使用 MATCH 函数确定"产品类别"在透视表中的位置。**

由于每个渠道下产品类别的数量和位置都是一样的，因此选择一个渠道的产品类别来确定位置即可，注意后续复制公式时引用位置都不变化，因此都使用绝对引用：

MATCH(数据看板 !$S$50, 透视表 !$C$15:$C$17,0)

根据渠道和产品类别的位置以及他们与行号之间的关系可以确定，二者对应的数据区域（D15:I20）中的行等于以上两个位置相加再减 1：

=MATCH(数据看板 !$H$50, 透视表 !$B$15:$B$20,0)+MATCH(数据看板 !$S$50, 透视表 !$C$15:$C$17,0)-1

销售额(元)		月						
渠道	产品类别	1月	2月	3月	4月	5月	6月	总计
⊟ 超市	沐浴露	2 1+1-1=1，数据区域中的第1行				685	24,418	164,493
	洗发水	52,289	54,161	69,231	77,419	84,888	68,590	406,578
	洗手液	2 1+3-1=3，数据区域中的第3行				84	43,670	234,751
⊟ 批发市场	沐浴露	3,622	2,916	2,250	576	2,244	4,278	15,886
	洗发水	2,888	5,560	5,738	8,357	10,711	3,873	37,127
	洗手液	4,510	2,125	4,404	5,693	3,825	2,950	23,507
总计		112,572	119,383	145,370	171,251	185,987	147,779	882,342

■ **步骤三：** 使用 MATCH 函数确定"月份"在透视表中的位置。

MATCH(辅助表 !C23, 透视表 !$D$14:$I$14,0)

由于向右复制公式时匹配的月份要发生变化，因此 C23 要使用相对引用。

■ **步骤四：** 使用 INDEX 函数从透视表中将指定行、列的数据提取出来。

最终的嵌套公式如下：

=INDEX(透视表 !$D$15:$I$20,MATCH(数据看板 !$H$50, 透视表 !$B$15:$B$20,

0)+MATCH(数据看板 !$S$50, 透视表 !$C$15:$C$17,0)-1,MATCH(辅助表 !C23,

透视表 !$D$14:$I$14,0))

公式编写完成后，在辅助表中创建下图所示的区域，输入以上公式并向右复制。

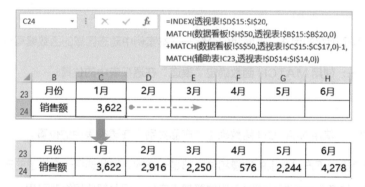

当从数据看板中设置的两个下拉列表中选择不同的项目时，辅助表中上图所示的数据区域 C24:H24 中数据会自动变化。

2. 制作动态组合图表

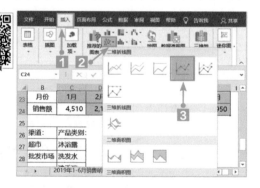

Step1 插入折线图。选中辅助表中的数据区域 C23:H24，切换到【插入】选项卡，单击【图表】组中的【插入折线图或面积图】按钮，在下拉列表中选择【带数据标记的折线图】。

Step2 增加数据系列。选中数据系列，按【Ctrl】+【C】组合键，再按【Ctrl】+【V】组合键，这样就增加了一个数据系列。

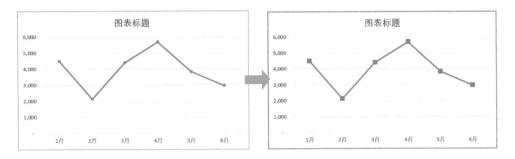

Step3 更改系列图表类型为面积图。在数据系列上单击鼠标右键，在弹出的快捷菜单中单击【更改系列图表类型】选项，打开【更改图表类型】对话框，将其中一个数据系列的【图表类型】更改为【面积图】，这样就变成了折线图和面积图的组合图表。

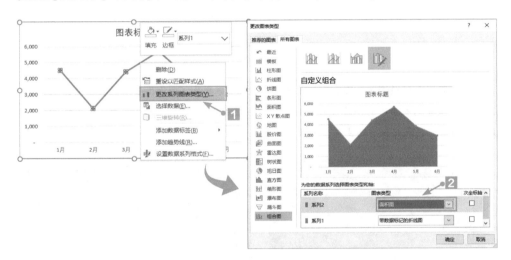

Step4 设置折线图的颜色。选中折线图系列，将线条颜色的RGB设置为46/117/182，线条粗细设置为3磅；标记颜色的RGB设置为91/155/213，标记宽度设置为2.25磅。

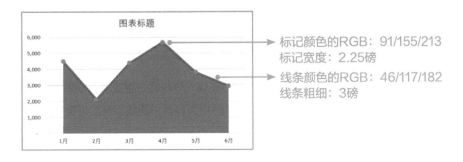

Step5 设置面积图的颜色。选中面积图系列，将填充颜色设置为【渐变填充】，渐变光圈设置两个停止点，边框设置为【纯色填充】，具体的颜色参数设置如下图所示。

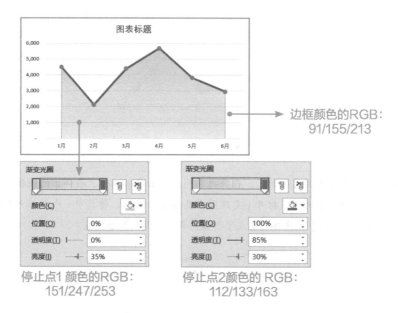

Step6 将图表标题删除，图表字体设置为微软雅黑、9号、白色，整个图表设置为无填充、无轮廓。设置完成后，将图表放在数据看板中设置的两个下拉列表的下方，当选择列表中的不同项目时，图表就会自动变化，效果如下图所示。

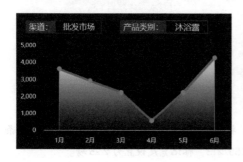

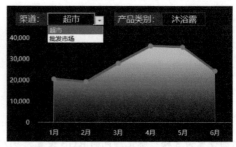

11.3 年中销售费用与利润分析

在分析各类销售费用时，适用雷达图，便于倾向分析和把握重点；要对销售利润的趋势进行分析，则适用折线图，本案例中还可以设置平滑线，看起来更直观。

下面分别介绍一下两种分析的具体操作方法。

11.3.1 销售费用构成情况分析

<table>
<tr><td colspan="2">配套资源</td></tr>
<tr><td rowspan="2">⬇</td><td>第11章\年中销售数据分析看板—原始文件</td></tr>
<tr><td>第11章\年中销售数据分析看板—最终效果</td></tr>
</table>

扫码看视频

	J	K
14	费用分类:	金额（元）:
15	融资费用	10,500
16	行政费用	2,500
17	人力费用	36,500
18	市场费用	63,500
19	物流费用	12,200
20	合计	125,200

1. 计算各类销售总费用

在辅助表中，建立如右图所示的数据区域，汇总出各类费用的总金额（元）。

2. 制作销售费用雷达图

Step1 插入雷达图。选中辅助表中的数据区域J15:K19，切换到【插入】选项卡，单击【图表】组中的【推荐的图表】按钮，弹出【插入图表】对话框，选择【雷达图】，单击【确定】按钮。

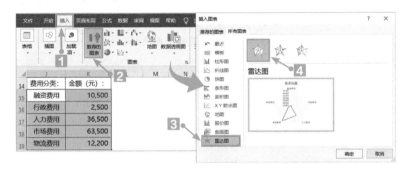

Step2 设置雷达图格式。删除标题，将图表设置为无填充、无轮廓，字体设置为微软雅黑、10.5号、白色，系列宽度设置为2.25磅，线条颜色按下图所示参数进行设置。

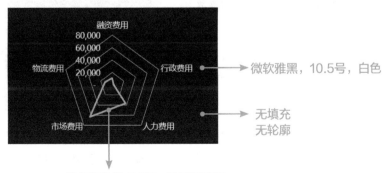

微软雅黑，10.5号，白色

无填充
无轮廓

线条颜色的RGB: 255/192/0
宽度: 2.25磅

11.3.2 月度毛利变化情况分析

1. 计算各月份销售毛利

首先在辅助表中，根据销售收入减去运营成本和税费，计算出各个月份的毛利数据，如右图所示。

	J	K	L	M	N
23	月份	销售收入	运营成本	税费	毛利
24	1月	112,572	12,582	901	99,089
25	2月	119,383	25,765	955	92,663
26	3月	145,370	20,155	1,163	124,052
27	4月	171,251	38,627	1,370	131,254
28	5月	185,987	23,878	1,488	160,621
29	6月	147,779	20,193	1,182	126,404

2. 制作销售毛利折线图

Step1 插入折线图。选中辅助表中的数据区域J24:J29 和 N24:N29，插入【折线图】。将标题和网格线删除，坐标轴最大值为【200000】，单位为【40000】，线条颜色的 RGB 设置为 91/155/213，宽度为 2.5 磅，勾选【平滑线】，效果如下图所示。

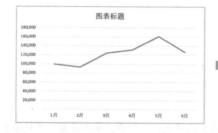
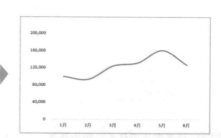

Step2 将字体设置为微软雅黑、9 号、白色，整个图表设置为无填充、无轮廓，最终将图表放在数据看板中的效果如右图所示。

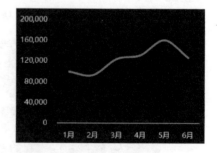

所有的部分都制作完成后，对数据看板进行整体的布局和美化调整，这样一张自动更新的可视化数据看板就制作完成了。

以上就是本案例中数据看板的制作过程，是不是没有想象的那么难呢？利用本书介绍过的知识就完全可以搞定了。由于篇幅所限，分析的内容可能较少，层次和角度也不够深入，读者可以根据实际工作的具体情况进行补充，让自己的数据看板丰富起来。

这样的数据看板领导怎么会不喜欢呢！心动不如行动，快动手制作起来吧！